贵州地膜覆盖技术应用与污染防治

U0306098

中国农业科学技术出版社

图书在版编目（CIP）数据

贵州地膜覆盖技术应用与污染防治 / 高维常等编著 . -- 北京：中国农业科学技术出版社，2023.12

ISBN 978-7-5116-6591-1

Ⅰ . ①贵… Ⅱ . ①高… Ⅲ . ①地膜栽培－研究 ②农用薄膜－污染防治－研究 Ⅳ . ① S316 ② X71

中国国家版本馆 CIP 数据核字（2023）第 236882 号

责任编辑 金 迪
责任校对 贾若妍 李向荣
责任印制 姜义伟 王思文

出 版 者 中国农业科学技术出版社
     北京市中关村南大街 12 号 邮编：100081
电 话 （010）82106625（编辑室） （010）82109702（发行部）
     （010）82109709（读者服务部）
网 址 https://castp.caas.cn
经 销 者 各地新华书店
印 刷 者 北京建宏印刷有限公司
开 本 185 mm×260 mm 1/16
印 张 11
字 数 261 千字
版 次 2023 年 12 月第 1 版 2023 年 12 月第 1 次印刷
定 价 86.00 元

编 委 会

前　言

P R E F A C E

　　传统塑料地膜是农业生产以及现代农业发展的重要物质资料之一，地膜覆盖技术应用促进了农业生产方式改变和农业生产力发展。目前，我国地膜覆盖栽培作物种类达 40 余种，已成为世界上地膜消耗量最多、覆盖面积最大、覆盖作物种类最多的国家。常用的聚乙烯地膜是由人工合成的高分子化合物吹制而成，在自然条件下难以降解。随着地膜应用量和使用年限不断增加，地膜残留造成的"白色污染"不但严重影响农业生产活动，对农业环境安全与健康和现代农业可持续发展也构成了巨大的威胁。

　　地膜科学使用是加强农业生态环境保护，打好土壤污染防治攻坚战的重要方面，是推进农业绿色发展的内在要求。做好农田地膜残留污染防治，已成为推动农业绿色、高质量发展的重点和关键。近年来，国家对地膜污染治理工作高度重视，废旧地膜污染防治体系日趋完善。《中华人民共和国土壤污染防治法》《农用薄膜管理办法》《关于加快推进农用地膜污染防治的意见》等一批法规政策陆续出台。同时，贵州省级层面也出台了相关政策措施，为地膜污染治理提供了政策保障。

　　贵州作为全国唯一没有平原支撑的省份，素有"八山一水一分田"之说。贵州地域辽阔，生态环境复杂，种植作物丰富，人为耕作利用历史悠久，造就了丰富多彩的贵州农业，也使得地膜使用和回收复杂多样。为切实加强贵州农田地膜残留污染防治研究，推进贵州地膜科学应用，系统总结贵州地膜覆盖技术与残留污染防治经验，本书结合贵州地膜覆盖技术应用实践，从贵州地膜覆盖技术发展、地膜覆盖应用现状、作物地膜覆盖技术模式、地膜应用面临的问题、地膜污染防治政策与建议，以及相关范例等六个方面进行了详细介绍，并提供相关附录资料便于查询参考。希望本书能够为从事地膜使用、回收及污染治理工作的管理人员和技术人员提供参考，为有关生产企业、经销商和广大种植主体科学使用地膜提供指导和帮助。

　　本书的撰写和出版是课题组及合作专家多年心血的结晶，并得到了贵州省烟草科学研究院（烟草行业山地烤烟品质与生态重点实验室）、贵州民族大学（贵州省高等学校塑料应用绿色低碳技术工程研究中心）、贵州省农业生态与资源保护站、贵州省农业科学院（旱粮研究所、园艺研究所、辣椒研究所、农作物品种资源研究所）、贵州省植物园、毕节市农业科学研究所、遵义市农业科学研究院、贵州省农作物技术推广总站、中国农业科学院农业环境与可持续发展研究所（农业农村部农膜污染防控重点实验室）、北京工商大学、贵阳市乡村振兴服务中心农村生态资源服务站、安顺市农业农村局、遵义市农村发展服务中心、贵州民环生态科技有限公司、黔西南州农业农村局粮油作物技术推广科、贵州省烟草公司贵阳市公司、贵州省烟草公司毕节市公司、贵州省烟草公司黔西南州公司、黔南州种植业发展中心、铜仁市农业农村局、毕节市农业生态环境与资源保护站、贵州省林业科学研究院、黔东南州农业生态与农村人居环境服务站和六盘水市农村社会事业发展中心等单位的大力支持，一并表示感谢。同时还要感谢中国烟草总公司重点研发项目"山地烟区覆膜栽培'减量、回收、替代'绿色低碳技术研发与应用"（110202202030）、贵州省教育厅自然科学研究项目（黔教技〔2023〕034号）、国家重点研发计划项目"绿色可降解地膜专用材料及产品创制与产业化"（2021YFD1700700）、国家重点研发计划子课题"生物基扩链剂的设计合成及高粘结强度低克重聚乳酸淋膜制备技术"（2022YFB3704903-3）、贵州省高层次创新型人才培养计划（黔科合平台人才〔2020〕6020）、贵州省农膜回收利用示范项目、贵州省农田地膜残留监测项目、贵州省科技支撑计划项目"降解膜环境行为研究与示范"（黔科合支撑〔2018〕2335号）、中国烟草总公司贵州省公司重点研发项目"烟用全生物降解地膜开发"（201933）、贵州省科技基础计划项目"全生物降解地膜的组分组成及其胁迫下对烟草代谢机制研究"（黔科合基础〔2019〕1212）、贵州省烟草公司贵阳市公司科技项目"烟田地膜残留污染防治关键技术开发与示范"（2023-13）、贵州省烟草公司毕节市公司科技揭榜挂帅制项目"毕节烟草生物降解地膜筛选评价、创制与应用"（2022520500240192）等项目的资助。

由于地膜覆盖的使用具有普遍性、复杂性和独特性，虽然我们在撰写过程中竭尽所能，但由于搜集、调研、掌握的资料还存在不足，编著者水平有限，书中难免有不足之处。因此，殷切希望广大同仁和读者不吝赐教，批评指正，以期共同促进贵州地膜的科学使用，推动农业生产的绿色发展。

高维常

2023 年 8 月

目 录

第五章　贵州地膜污染防治政策与建议

第六章　贵州地膜污染防治范例

附 录

第一章　地膜覆盖技术概述

第一节　地膜覆盖技术的发展与作用

一、地膜覆盖技术的发展

农田覆盖技术，是一种历史悠久的农业技术措施。早在我国西汉晚期农学家氾胜之的《氾胜之书》和北魏末期农学家贾思勰的《齐民要术》里就有记载。在清朝顺治年间，我国西北地区劳动人民创造了"砂田种植法"，用于栽培作物。20世纪初期，欧美国家利用作物残茬、秸秆进行覆盖，实现了农田少耕免耕，在不同程度上减少了蒸发，起到了保墒作用，达到了作物增产的效果。

塑料地膜覆盖技术源于20世纪50年代日本草莓生产（刘勤等，2021）。由于其突出的增温、保墒、抑草功能，以及在扩展农作物种植区域、延长宜农时令、提高作物产量等方面的有益效果，使得地膜覆盖技术在农业生产领域有着重要的作用。我国于1978年由农业部引进该项技术，开启了地膜覆盖技术在中国的研究与推广应用（王玉庆，2000）。1979年，石本正一应邀作为技术顾问，指导我国蔬菜地膜覆盖栽培技术研究和应用（周冬霖，2009）。同年，中国农业科学院王耀林研究员团队在地膜覆盖栽培高产机理及应用技术方面取得了重大突破。多年来，中国地膜覆盖技术工作者在原料、规格、功能、生产工艺、覆膜配套器械和配套技术开发等方面取得显著成效，快速推动了我国地膜产品更新换代和推广应用。目前，该技术已广泛应用于烟草、花卉、薯类、棉花等作物上。根据《中国农村统计年鉴》，截至2021年，我国地膜覆盖面积已达2.59×10^7 hm^2，成为世界地膜覆盖技术应用最为广泛的国家。

一直以来，农业领域采用的地膜原料主要为聚（氯）乙烯，在地膜广泛使用的同时也带来了一系列问题，特别是地膜的不科学使用和回收环节的缺失，导致地膜残留污染日益严重，已然成为重要的环境问题。早在1987年，世界卫生组织国际癌症研究机构就将聚（氯）乙烯列入三类致癌物清单。为积极应对聚（氯）乙烯地膜带来的问题，环境友好型地膜，特别是全生物降解地膜逐渐被人们重视。经过多年发展，全生物降解地膜已逐步应用于各国农业生产。

（一）国外地膜覆盖技术概况

日本是世界上研究应用塑料地膜覆盖栽培技术最早的国家之一，早在 20 世纪 50 年代初，日本发现露天农业铺设地膜有利于改善农作物生境，在土壤保温、保墒等方面具有显著作用，并将该技术成功用于草莓种植。其后十余年中，在主要的粮食、经济作物上开展了地膜覆盖栽培研究，获得了系列研究成果。在此基础上，地膜覆盖栽培技术在大农业中得到了迅速应用（刘勤等，2021；耿杰，2018）。截至 1977 年，日本全国 1/6 以上的旱作农田应用了地膜覆盖技术，保护地内的技术覆盖率更是达到了 93%。日本依托该技术，大幅提高了土地利用效率，使国内农业水平获得长足进步。由于日本地膜覆盖技术的快速应用，在地膜研究与产品研发方面也累积了丰富的经验，仅农用地膜覆盖材料的树脂原料就有 10 余种，地膜成品性能长期居于世界领先地位。同时，通过对地膜功能市场细分，根据作物栽培过程中的不同需求，先后研发了透明地膜、黑色膜、避蚜膜、除草膜等迭代产品。在丰富地膜市场的同时，进一步推动了地膜覆盖技术的全国性普及。在传统地膜覆盖技术广泛应用的同时，针对地膜残留污染，日本研发了在土壤中能降解的塑料，并将其列为继金属材料、无机材料、高分子材料后的第四种新材料，并于 1989 年成立"生物降解性塑料研究会"。20 世纪末，日本研究机构斥巨资先后研发了添加有机肥料型、纸基等可降解地膜，以及具有防虫作用的功能型地膜（许香春等，2006）。

欧美国家的地膜覆盖技术研究与应用晚于日本，其覆盖的作物种类和面积也少于日本，但在地膜覆盖栽培技术和新型覆盖材料的研发方面做了大量的研究工作。美国于 1963 年在亚利桑那州棉花种植上进行黑膜覆盖栽培，同时，为缓解地膜残留与农业可持续发展间的矛盾，现至少在美国 30 余个州推动降解地膜的使用和研发，其光降解地膜已应用推广 20 多年，并在此基础上研发了添加型降解地膜和合成型降解地膜（许香春等，2006；郭丽玲，2015）。在生物降解地膜研究领域，美国 Agri-Tech 公司采用玉米淀粉和改性淀粉生产了淀粉基高分子可降解地膜，Cargill-陶氏聚合物公司采用聚乳酸生产的超薄型地膜，由于其最终能够降解为水和二氧化碳，被公认为具有发展潜力的环保型地膜产品。

以法国为代表的欧洲农业大国，约 40% 的国土面积为农田，近 1/2 的农田采用地膜覆盖技术。据估算，每年需更换 6000 hm² 的农用地膜。法国地膜覆盖作物以玉米为主，蔬菜为辅，但后者采用的覆盖材料更多样化。如：黑色地膜、无纺布、光降解地膜以及生物降解地膜。目前，聚酯类地膜和淀粉－聚酯混合型地膜是法国农业研究和应用领域的热点之一。英国于 20 世纪 90 年代末期，针对马铃薯开展了地膜覆盖研究，验证了地膜对块茎类作物在高纬度环境下的促生和增产作用。苏联通过试验进一步验证了旱、寒地区，地膜覆盖技术对禾本科类作物的增产效果。德国、意大利、瑞典、丹麦等其他欧洲国家在菠萝、咖啡、黄瓜、花卉等作物栽培中也开展了该技术的应用研究，取得了良好效果。

（二）我国地膜覆盖技术概况

与日本和欧洲等发达国家相比，我国地膜覆盖栽培技术的研究与应用起步较晚。20世纪50年代，农用薄膜在我国主要用于水稻育苗棚，并在60年代初实现了0.12mm厚度农用聚氯乙烯薄膜自主化生产。同时，在上海、天津等城郊农田开展了塑料薄膜覆盖小拱棚栽培蔬菜，获得了早熟、优质、高产的良好效果，填补了我国地膜覆盖材料和技术研究的空白。70—80年代，由于国内化工产业滞后，我国采用废旧塑料替代其他材料在天津、黑龙江、北京等地开展了黄瓜、茄子的覆膜栽培试验。因地膜性能和成本问题，未能进行大规模的推广应用。

我国自20世纪70年代引入地膜以来，开始进行聚乙烯地膜的研发工作，并从日本引进了整套塑料薄膜地面覆盖栽培技术（杨惠娣，2000）。通过全国多地的技术适应性评价研究，蔬菜增产可达30%～50%。1980年，地膜覆盖栽培面积已由1979年的44 hm^{2}增加到1667 hm^2。基于前期的研究结果，构建了不同生态区、不同作物栽培模式的地膜覆盖技术应用体系，奠定了我国地膜覆盖栽培技术的发展基础。进入90年代，国产低密度聚乙烯（LDPE）地膜问世，成功地将覆膜栽培技术应用到棉花、花生、西瓜、甘蔗、烟草等40余种经济作物上（徐蓓蕾，1998）。通过多年的研究与应用，明确了地膜覆盖技术在我国新疆、甘肃、内蒙古等地春寒和半干旱地区的农业应用前景。

目前，我国每年地膜覆盖面积近3亿亩，平均每年地膜使用量达到1.02×10^6 t，应用区域已从北方干旱、半干旱区域扩展到南方的高山、冷凉地区，覆盖作物种类也从经济作物扩大到大宗粮食作物，为稳定国家粮食安全、改善国民生活水平起到了关键作用（常瑞甫等，2015）。与此同时，针对地膜大量和长期使用带来的残留污染问题，以及人们生态环境保护意识的提高，相关生态评价研究和降解地膜的研发工作已陆续开展。中国科学院长春应用化学研究所、天津轻工业学院等高校科研单位进行了光降解塑料（地膜）的研究与试生产（黄格省，2001）。其后，多家单位先后开发了淀粉填充型可降解地膜、改性淀粉生物降解膜、光 / 生物降解地膜、非淀粉可控光 - 生物降解膜等环境友好型地膜产品（唐赛珍，2008）。在加强地膜覆盖技术合理利用的同时，也积极推动了我国地膜覆盖技术向农业可持续发展方向的蜕变。

（三）贵州地膜覆盖技术概况

贵州从1980年开始试验、示范和推广地膜覆盖栽培技术。1982年，选择贵州西部海拔较高的毕节市威宁县开展烤烟地膜覆盖栽培试验，并取得较好的效果。当年，贵州全省地膜覆盖栽培面积为370亩。1984年发展到0.23万hm^2，其中以水稻地膜育秧面积最大，占总面积的63%。1986年，开始进行玉米地膜覆盖栽培试验并取得成功，在贵州全省推广。1987—1990年是贵州地膜覆盖栽培的大发展时期，推广面积扩大到7.13万hm^2，范围涉及贵州全省9个市（州）66个县（区）。1992—1996年处于徘徊期，地膜覆盖栽培面积在4.53万～6.13万hm^{2}之间浮动，1997年地膜覆盖栽培面积恢复到

6.93 万 hm²，2014 年后在 30 万 hm² 以上。近年来，贵州地膜覆盖技术发展已由单项技术到综合配套、搭配良种及高产种植技术相结合，形成了完整的贵州地膜覆盖栽培技术体系。

二、地膜覆盖的作用

地膜覆盖技术应用带动了我国农业生产力显著提高和生产方式变革，也是提高农作物产量和改善农产品品质的关键。地膜在农作物关键生育期覆盖于地表，具有提高地温、增强光照、保水抗旱、提高肥效、防治病虫、抑草灭草、抑盐保苗等多种作用。通过对作物生境的改善和水、热资源条件的调控，实现作物早熟、高产、优质的良好效果。

（一）改善土壤水、温、肥条件

1. 保持土壤水分，增加有效养分

地膜疏水特性可显著抑制土壤水分的蒸发损失。地膜覆盖后，由于阳光的辐射作用，使土壤上下层温差加大，较深层的土壤水分向上层运移、积聚，从而起到了保墒、提墒的作用，保障了耕作层土壤水分的充足、稳定供给（毕继业等，2008；刘勤等，2021）。同时，在适宜的土壤水、热条件下，土壤微生物活动增强，有利于土壤中有机质和有机肥料的矿化，加快其养分释放速度，从而提高了土壤中关键养分的供应强度（张丹等，2017）。因此，地膜覆盖技术能够同时改善垄体土壤中的水分与养分状况，满足作物的营养需求，为其快速生长发育奠定坚实基础。

2. 提高土壤温度，促进作物早熟

地膜透光性好，并能够降低土壤向外界环境的热量传递。基于此，地膜覆盖下的农田土壤表层有效贮存太阳辐射，从而使其具有提升土壤温度的作用。此外，由于地膜透气性弱的特点，降低了土壤中热量以长波辐射形式的漫反射，以及水分蒸发损失的热量，进一步提高土壤温度（张得旺，2019）。一般早春地膜覆盖比露地表土日平均温度提高 2～4℃，作物有效积温显著提高（谢一芝等，2022）。随着生境的改善，作物生长发育进程加快，缩短了田间无效生长时间，从而促进作物早熟。

3. 防止水土流失，改善土壤性状

农田土壤地表覆盖地膜后，可以降低水对土壤团聚体的侵蚀作用，并能够在一定程度上减缓地表径流和淋溶作用导致的土壤养分流失，从而起到保持水土的作用（张小甫等，2010）。由于对土壤团聚体的侵蚀作用降低，大团聚体占比的提高能够防冲、防涝，减少风蚀和水蚀，起到保持水土的作用（原慧芳等，2020；张仁陟等，2011）；覆盖地膜还可抑制杂草，使土壤保持良好的疏松状态，土壤固相减少 3%～5%，气相增加 3%～4%，液相增加 1%～2%，孔隙度增加，硬度降低 3～6 倍，避免因灌溉、降雨等引起的土壤板结和淋溶，使土壤水、肥、热气诸因素处于协调状态，为作物生长发育创造了良好条件（徐亚秋等，2014）。

（二）提高光能利用

地膜覆盖技术能够通过对光线的反射与折射作用，提高光能利用效率，从而促进作物光合作用（Shahzad et al.，2018）。与光线照射土壤形成的漫反射不同，覆盖于土壤上的地膜反光性高于土壤。因此，覆盖地膜的厢/畦面的反射光率也大于露地，可有效补充高秆作物和密植作物的下部叶光线，促进其光合作用（吴雁斌等，2022）。此外，地膜内部聚集的细微水滴也可进行折射作用，减少了阳光向大气的散逸，提高了光线强度（代立兰等，2017）。

（三）抑制病、虫、草害

病、虫、草对农田作物的产量、品质形成影响严重。覆盖地膜可以保证土壤表层保持较高温度，抑制土传病害致病菌的侵染和地下害虫虫卵的活性，在一定程度上具有防治病、虫的作用（潘凤兵，2021；赵思峰，2007；赵鑫等，2016）。抑制草害主要是黑色地膜与除草地膜的功能，黑色地膜遮光率高，透过光量几乎为零，膜下无光线，杂草无法生长。经统计，覆盖地膜对单子叶、双子叶杂草都有极好的除草效果，用黑色地膜覆盖果园除草效果为98.2%，比透明膜加喷除草剂防效提高6.2%，比透明膜未喷除草剂的处理提高97.5%（张依楠等，2017）。

（四）提高作物产量和品质

由于地膜覆盖能够提高土壤温度，保持土壤水分，维持土壤结构，防止害虫侵袭作物和某些微生物引起的病害等，改善土壤环境，为作物根系的生长创造了良好的条件，促进根系生长、活力及增强吸收能力，进而提高地上部分同化器官的数量和质量，为其高产、优质奠定了坚实基础（张德奇等，2005；严昌荣等，2006）。据统计，地膜覆盖技术可使马铃薯增产20.6%～60.5%（王亚宏等，2009），淀粉、维生素C等关键品质指标含量明显提高（张淑敏等，2017）；春玉米增产14.0%～35.6%，籽粒蛋白质含量显著增加（周昌明，2016；王勇等，2012），对柑橘、油桃果树类着色、糖含量、风味特色等均有显著改善（吴韶辉等，2012；张超，2011）。

第二节　地膜的主要类型和功能

一、按基础树脂原料分类

（一）高压低密度聚乙烯地膜

高压低密度聚乙烯地膜是以高压聚乙烯树脂为基础原料，经吹塑而成的无色透明地膜。该膜1978年由日本引进，强度大、耐候性较强，膜纵向、横向拉伸强度较均匀，耐老化，使用期长（张鹏飞等，2018；李天来等，2022）。主要用于露地和温室的地面或近地面覆盖栽培，也可用于矮拱棚及温室大棚内二道幕覆盖，是最早推广应用的地膜。

（二）低压高密度聚乙烯地膜

低压高密度聚乙烯地膜是以低压聚乙烯树脂为基础原料，经注射而成的半透明地膜。该膜黏性小，好操作，纵向拉力大，横向拉力小，易纵裂，不柔软，透光率高，成本低，耐候性稍差，但不适用于沙质壤土（蒋文杰，2016）。

（三）线性聚乙烯地膜

线性聚乙烯地膜无色透明，厚度为 0.004～0.010 mm。该膜具有优良的拉伸强度、抗冲击性、耐穿刺性、耐低温性、热封合性和柔软性，使用期为 100 d 左右。相较于高压低密度聚乙烯地膜，线性聚乙烯地膜生产耗能少、费用低，是目前质量较好的一种农用地膜（郑德庆等，1986）。

（四）共混地膜

共混地膜是以高压聚乙烯、低压聚乙烯和线性高压低密度聚乙烯为基础树脂，用其中 2 种或 3 种树脂，并添加一定量的具有特定功能的添加剂，经吹塑而成的透明地膜。该膜机械性能好、耐候性强、成本较线性地膜低，保温性、保湿性和增温性均优于普通地膜，是目前主要推广应用的地膜（常瑞甫等，2015）。

二、按性能特点和用途分类

（一）透明地膜

透明地膜，也称广谱地膜，在 20 世纪八九十年代开始普遍应用，多用高压聚乙烯树脂吹制而成（徐玲等，2001）。其透光率和热辐射透过率达 90% 以上，增温功能显著，但移栽苗易烫伤、易生杂草（任领兵等，2018）。在南方地温过高时，作物根系受热害风险大，膜下杂草滋生，与作物形成明显的营养竞争关系（杨霞等，2021）。

（二）有色地膜

黑色地膜是在聚乙烯树脂中加入 2%～3% 的炭黑制成（周晓静等，2019）。该膜透光率低，增温效果缓慢，能有效防止土壤中水分蒸发并抑制杂草生长，可为作物根系创造良好的生长发育环境，从而提高作物产量（宋稳锋等，2023；孙文泰等，2016）。黑色地膜主要用于杂草丛生地块和夏季栽培的萝卜、白菜、菠菜、秋黄瓜、晚番茄、西瓜、草莓及果园等（Chakraborty et al.，2008）。

绿色地膜增温作用较强，保温性能好，膜下温度平稳。同时，绿色地膜可反射绿色光，杂草因吸收不到绿色光而无法进行光合作用，相较于黑色地膜透光率低的性能，除草效果更为明显（赵沛义等，2012；王丽娜，2004）。因此，绿色地膜的作用是除草为主、增温为辅，可替代黑色地膜用于春季除草（翟洪民，2009）。目前，主要用于萝卜、草莓、洋葱和马铃薯等种植（张婷等，2020；Lee et al.，2020）。

银色地膜对茶黄螨、烟蚜等作物害虫具有显著的驱避效果（姜克英等，1987；杨军章等，2022）。同时，银色地膜的反光作用，可明显增加光照量。由于地膜的反射，可获得部分光照，继而改善果实着色，提高品质（柯甫志等，2010）。目前，主要应用于秋葵、茄子、黄瓜、番茄等作物农田地表覆盖（冯金和，2019；李丹等，2020；侯茂林等，2004）。

蓝色地膜适用于作物育秧、育苗，秧苗成苗率与秧苗质量均能够得到显著改善。蓝色地膜通过折射出的蓝光能够抑制黑斑病菌的孢子形成，降低作物感病率，在改善小麦品质、棉花产量方面具有显著效果（张宪政等，1988；高斌，1995；李新建等，1992）。

红色地膜对红光和远红光的反射能力最强，能够增加棉花冠层红光和远红光强度，从而对冠层构型、光合性能和干物质积累等具有更好的促进作用，且其反射的红光对种蝇具有一定的忌避作用（邢晋等，2020；仇延鑫，2021）。目前，红色地膜主要用于棉花、大葱等作物的地表覆盖。

黄色地膜应用规模相对较少。据研究，黄色地膜对火柴头地下种子的株高、地下小种的地表花枝数和地表花苞数有促进作用，对其他类型种子的性状则表现为抑制作用（顾庆龙等，2012）。目前，对黄色地膜的功能开发尚处于研究阶段。

（三）化学除草地膜

除黑色、绿色、银色地膜具有一定的除草效果之外，化学除草地膜是一种新兴的专用除草薄膜。化学除草地膜是在普通地膜生产过程中加入化学除草剂制成。1990年，国内采用合成方法主要生产乙草胺除草地膜、甲草胺与地乐胺复配的除草地膜，并进行了应用效果验证，在实现保温、增墒的同时，降低了杂草对作物的不良影响（黄颂禹，1994）。化学除草地膜的研发对地膜覆盖技术的轻简化农业生产提供了新方向，现已广泛应用于甘蔗、玉米、花生等作物种植领域（杨洪昌，2012；岳德成等，2016；张洪川等，2015）。

（四）渗水地膜

渗水地膜具有微通透性，雨水落到地膜上，形成重力水，在垂直向下的土壤水势梯度作用下，渗水地膜微通道打开，当薄膜上水分入渗完成后，雨水重力消失，薄膜在弹力作用下，通道自动关闭，防止表土水分的蒸发（赵红光，2017）。因此，铺设渗水地膜的土壤墒情优于普通膜，从而缓解旱情，保证作物生育期对水分的需求，有利于作物生长发育（胡建军，2012）。目前，渗水地膜在我国旱区农业中应用广泛，在小麦、玉米、高粱、马铃薯、水地谷子等大田作物上增产效果明显（陈超，2019；刘延超等，2018）。

（五）加厚高强度地膜

加厚高强度地膜是指符合《聚乙烯吹塑农用地面覆盖薄膜》（GB 13735—2007）中I类耐老化地膜，厚度在 0.015 mm 以上，有效覆盖时间不低于 180 d，使用后最大拉伸负荷、断裂标称应变等力学性能指标不小于初始值的 50%（李晓莉等，2023）。加厚高强度地膜应用能够有效延长地膜使用时间，提高地膜回收效率，现已成为西北棉花产业中缓解农田"白色污染"的关键措施之一（朱哲江等，2022）。

（六）降解地膜

降解地膜是为适应社会对于环境保护需求而研发的一种新型地膜，主要原料为降解母粒与塑料粒子母料混合生产而成，利用太阳光氧化作用或是利用自然界微生物对地膜侵蚀而达到降解的目的，按照降解途径可分为氧化降解地膜和生物降解地膜（刘勤等，2021）。

氧化降解地膜是指在高分子聚合物中引入热 / 光等敏感基团或加入敏感性物质，当环境条件达到一定时，便可引发氧化降解反应，使高分子链断裂变为低相对分子质量化合物的一类塑料地膜（张楠等，2014）。由于氧化降解地膜的降解环境行为尚未得到全面解析，及其破解降解的可控性偏低，在国内未能够进行大面积的推广应用。

生物降解地膜是指在自然环境下可被微生物完全降解变成二氧化碳（CO_2）和 / 或甲烷（CH_4）、水（H_2O）及其所含元素的矿化无机盐以及新的生物质的材料，对生态环境不造成危害的一类塑料地膜。近年来，我国在生物降解地膜的研究和应用方面取得了长足进步，并于 2015—2018 年验证了其在马铃薯、蔬菜、烟草上的应用推广潜力。2019 年，生物降解地膜应用面积已达到 0.67 万 hm^2 以上，有效控制了地膜残留对农田带来的不良影响，推动了农业高效、绿色、可持续地发展（蒋莹，2021；赵梓君等，2023）。

参考文献

毕继业，王秀芬，朱道林，2008.地膜覆盖对农作物产量的影响 [J]. 农业工程学报 (11):172–175.

常瑞甫，严昌荣，2015.中国农用地膜残留污染现状及防治对策 [M]. 北京：中国农业科学技术出版社 .

陈超，2019. 宁南半干旱区覆盖结合施氮对土壤理化性质及马铃薯生长的影响 [D]. 银川：宁夏大学 .

仇延鑫，2021. 防控葱地种蝇有色地膜的筛选和作用机制研究 [D]. 泰安：山东农业大学 .

代立兰，王嵛德，赵亚兰，等，2017. 旱地覆膜露头栽培对土壤水热及黄芪产量的影响 [J]. 中药材，

40(9):1997–2001.

翟洪民，2009. 生产中急需的六种地膜 [J]. 农业知识 (5):57.

冯金和，2019. 茄子高产高效栽培措施 [J]. 吉林蔬菜 (2):34–35.

高斌，1995. 彩色农膜 [J]. 河南农业 (6):21.

耿杰，2018. 地膜残留和水分对玉米幼苗生长和产量的影响 [D]. 兰州：兰州大学.

顾庆龙，何井瑞，金银根，2012. 土壤含水量对火柴头种子萌发及后代对不同颜色膜覆盖应答反应 [J]. 湖北农业科学，51(21):4790–4794.

郭丽玲，2015. 全生物降解海藻干地膜的研制及性能研究 [D]. 青岛：中国海洋大学.

侯茂林，王福莲，万方浩，2004. 栽培措施对烟田前期烟蚜和烟蚜茧蜂种群数量的影响 [J]. 昆虫知识 (6):563–565.

胡建军，2012. 渗水地膜的渗水效果试验 [J]. 甘肃农业 (5):86+89.

黄格省，2001. 降解地膜发展现状评述（Ⅰ）[J]. 石化技术与应用，19(4):276–347.

黄颂禹，1994. 乙草胺除草地膜的应用效果与技术 [J]. 杂草科学 (1):33–34.

姜克英，梁士英，1987. 菜田应用银膜避蚜防病 [J]. 农业科技通讯 (4):32.

蒋文杰，2016. 地膜覆盖与农业生产 [J]. 农业工程技术，36(11):11.

蒋莹，2021. 最严"限塑令"力促产业发展升级 [J]. 中国发展观察 (Z1):100–103.

柯甫志，徐建国，孙建华，2010. 椪柑反光地膜覆盖栽培实践与建议 [J]. 浙江柑橘，27(4):13–15.

李丹，符敏，2020. 广东珠三角地区黄秋葵露地高效栽培技术要点 [J]. 南方农业，14(25):38–40.

李天来，齐明芳，孟思达，2022. 中国设施园艺发展 60 年成就与展望 [J]. 园艺学报，49(10):2119–2130.

李晓莉，李世成，李可夫，2023. 推广旱作农业技术确保粮食生产安全——庆阳市发展粮食生产的思考 [J]. 中国农技推广，39(3):3–6.

李新建，唐凤兰，任水莲，等，1992. 蓝色地膜的光温小气候特征及其对棉花产量、品质的影响 [J]. 新疆气象 (6):32–35.

刘勤，严昌荣，薛颖昊，等，2021. 中国地膜覆盖技术应用与发展趋势 [M]. 北京：科学出版社.

刘延超，史树森，潘新龙，等，2018. 渗水降解地膜在大豆田间应用效果的综合分析 [J]. 大豆科学，37(2):202–208.

潘凤兵，2021. 蚯蚓发酵产物对苹果连作障碍防控效果及机理研究 [D]. 泰安：山东农业大学.

任领兵，李中周，朱珍丽，等，2018. 覆盖不同种类地膜对作物生长的影响 [J]. 农业工程技术，38(16):80–82.

宋稳锋，王志远，吴心瑶，等，2023. 不同保水剂及覆盖材料对西南旱作农田土壤特性和油菜生长的影响 [J]. 西南大学学报（自然科学版），45(3):88–99.

孙文泰，马明，董铁，等，2016. 陇东旱塬苹果根系分布规律及生理特性对地表覆盖的响应 [J]. 应用生态学报，27(10):3153–3163.

唐赛珍，2008. 生物降解塑料与可持续发展 [J]. 国外塑料，26(6):52–58.

王丽娜，2004. 不同颜色的地膜覆盖对马铃薯生长发育的影响 [J]. 杂粮作物 (3):162–163.

王亚宏,高世铭,张伟,等,2009.陇中旱地马铃薯不同种植模式对土壤温度和水分利用效率的影响 [J]. 甘肃农业大学学报,44(6):19–23+43.

王勇,宋尚有,樊廷录,等,2012.黄土高原旱地秋覆膜及氮肥秋基春追比例对春玉米产量和品质的影响 [J]. 中国农业科学,45(3):460–470.

王玉庆,2000.我国农用塑料的应用及发展 [J]. 现代塑料加工应用 (3):43–47.

吴韶辉,石学根,陈俊伟,等,2012.地膜覆盖对改善柑橘树冠中下部光照及果实品质的效果 [J]. 浙江农业学报,24(5):826–829.

吴雁斌,吕和平,梁宏杰,等,2022.不同覆膜方式与种植密度互作对马铃薯光合特性及产量的影响 [J]. 中国瓜菜,35(7):62–68.

谢一芝,边小峰,贾赵东,等,2022.中国鲜食甘薯产业发展现状及其发展前景 [J]. 江苏农业学报,38(6):1694–1701.

邢晋,张思平,赵新华,等,2020.不同颜色地膜覆盖对棉花冠层构型及光合特性的调控效应 [J]. 核农学报,34(12):2850–2857.

徐蓓蕾,1998.中国农用塑料概况及发展前景 [J]. 中国塑料 (2):1–4.

徐玲,李兆杰,2001.农用塑料棚膜的市场与发展 [J]. 上海塑料 (1):8–10.

徐亚秋,廖文君,2014.地膜对土壤环境的影响 [J]. 现代农业科技 (10):229.

许香春,王朝云,2006.国内外地膜覆盖栽培现状及展望 [J]. 中国麻业 (1):6–11.

严昌荣,何文清,刘恩科,等,2015.作物地膜覆盖安全期概念和估算方法探讨 [J]. 农业工程学报,31(9):1–4.

严昌荣,梅旭荣,何文清,等,2006.农用地膜残留污染的现状与防治 [J]. 农业工程学报 (11):269–272.

杨洪昌,2012.不同地膜全覆盖处理对甘蔗及蔗田杂草的影响 [D]. 北京:中国农业科学院.

杨惠娣,2000.塑料薄膜与生态环境保护 [M]. 北京:化学工业出版社.

杨军章,龚林,马若,等,2022.有色地膜覆盖对烟草番茄斑萎病毒病发生的影响 [J]. 贵州农业科学,50(2):38–43.

杨霞,付佑胜,李建伟,等,2021.不同覆盖处理对金丝皇菊种植地的控草效果 [J]. 杂草学报,39(3):61–66.

原慧芳,黄菁,田耀华,2020.不同管理方式下山地胶园土壤物理和水热特性 [J]. 热带作物学报,41(5):1057–1063.

岳德成,柳建伟,姜延军,等,2016.除草地膜对全膜双垄沟播玉米生长发育的影响 [J]. 灌溉排水学报,35(12):29–33.

张超,2011.陕西千阳晚熟油桃反光膜增色技术 [J]. 果树实用技术与信息 (6):12–13.

张丹,刘宏斌,马忠明,等,2017.残膜对农田土壤养分含量及微生物特征的影响 [J]. 中国农业科学,50(2):310–319.

张得旺,2019.原棉地膜异纤检测技术浅析 [J]. 棉纺织技术,47(5):73–76.

张德奇,廖允成,贾志宽,2005.旱区地膜覆盖技术的研究进展及发展前景 [J]. 干旱地区农业研究

(1):208-213.

张洪川,陈香艳,唐洪杰,等,2015.覆盖除草地膜对花生田杂草防除效果及花生产量的影响 [J].农业科技通讯 (1):54-56.

张楠,罗学刚,李保强,等,2014.环境降解地膜的热降解特性探究 [J].高分子材料科学与工程,30(10):89-94.

张鹏飞,张翼飞,王玉凤,等,2018.膜下滴灌氮肥分期追施量对玉米氮效率及土壤氮素平衡的影响 [J].植物营养与肥料学报,24(4):915-926.

张仁陟,罗珠珠,蔡立群,等,2011.长期保护性耕作对黄土高原旱地土壤物理质量的影响 [J].草业学报,20(4):1-10.

张淑敏,宁堂原,刘振,等,2017.不同类型地膜覆盖的抑草与水热效应及其对马铃薯产量和品质的影响 [J].作物学报,43(4):571-580.

张婷,李刚波,赵林,2020.不同颜色地膜覆盖对草莓生长和果实品质的影响 [J].湖南农业科学 (12):14-16,20.

张宪政,曹旭,许泳峰,1988.利用吸收紫外线的薄膜防治植物病害 [J].现代化农业 (2):11-12.

张小甫,时永杰,田福平,等,2010.土壤微生物生态学研究进展 [J].安徽农业科学,38(19):10124-10126,10202.

张依楠,高凯悦,吉志超,等,2017.除草剂与除草膜配合使用对烟田杂草的防除效果 [J].河南农业科学,46(8):87-91.

赵红光,2017.自然和人工条件下作物蒸发蒸腾量（ET）的研究 [D].太原:太原理工大学.

赵沛义,康暄,妥德宝,等,2012.降解地膜覆盖对土壤环境和旱地向日葵生长发育的影响 [J].中国农学通报,28(6):84-89.

赵思峰,2007.滴灌条件下加工番茄根腐病发生原因分析及生防菌防病机制研究 [D].杭州:浙江大学.

赵鑫,康岭,晏振举,等,2016.白黄瓜'白玉翠'无公害高产栽培技术 [J].中国瓜菜,29(8):54-55.

赵梓君,何文清,尹君华,等,2023.基于文献计量分析中国全生物降解地膜研究发展态势 [J].中国农业大学学报,28(04):57-67.

郑德庆,侯立功,赵安泽,1986.降低地膜覆盖成本增加收益的途径 [J].中国棉花 (1):28-29,33.

周昌明,2016.地膜覆盖及种植方式对土壤水氮利用及夏玉米生长、产量的影响 [D].杨凌:西北农林科技大学.

周冬霖,2009.给中国农业带来白色革命的石本正一 [J].国际人才交流 (8):26-27.

周晓静,2019.杀菌地膜对连作黄瓜产量、病害及土壤环境的影响 [D].哈尔滨:东北农业大学.

朱哲江,邵占青,宋子艳,等,2022.加强地膜科学使用回收推动农业绿色发展 [J].河北农业 (5):36-37.

CHAKRABORTY D, NAGARAJAN S, AGGARWAL P, et al., 2008. Effect of mulching on soil and plant water status, and the growth and yield of wheat (*Triticumaestivum* L.) in a semi-arid environment[J]. Agricultural Water Management, 95: 1323-1334.

LEE N, HAN Y P, 2020. Effects of different colored film mulches on the growth and bolting time of radish (*Raphanussativus* L)[J]. Scientia Horticulturae, 266(C)：109271.

SHAHZAD A, XU Y Y, JIA Q M, et al., 2018. Interactive effects of plastic film mulching with supplemental irrigation on winter wheat photosynthesis, chlorophyll fluorescence and yield under simulated precipitation conditions[J]. Agricultural Water Management, 207：1-14.

第二章　贵州地膜覆盖应用现状

第一节　农用塑料薄膜使用量时序变化

一、全国农用塑料薄膜使用量时序变化特点

依据《中国农村统计年鉴》获取全国农用塑料薄膜使用量序列，利用线性倾向估计法对农用塑料薄膜使用量进行变化趋势分析。由图 2-1 可知，1993—2021 年，全国农用塑料薄膜使用量平均为 185.1 万 t，最低值为 70.7 万 t（1993 年），最高值为 260.4 万 t（2015 年）。全国农用塑料薄膜使用量呈现先增加后减少的变化趋势，1993—2015 年线性倾向率为 8.44 万 t/ 年（$P<0.01$），2016—2021 年线性倾向率为 –4.86 万 t/ 年（$P<0.01$）。

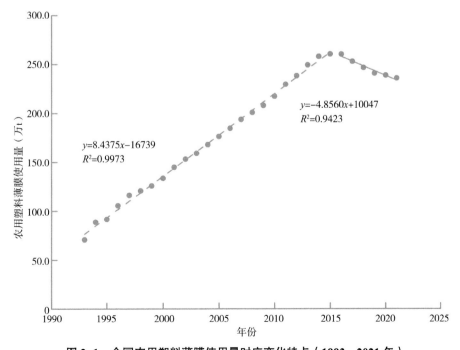

图 2-1　全国农用塑料薄膜使用量时序变化特点（1993—2021 年）

二、贵州农用塑料薄膜使用量时序变化特点

利用线性倾向估计法对贵州农用塑料薄膜使用量进行变化趋势分析，如图 2-2 所示，1993—2021 年，贵州农用塑料薄膜使用量平均为 3.4 万 t，最低值为 1.2 万 t（1994年），最高值为 5.5 万 t（2018 年）。贵州农用塑料薄膜使用量呈现递增的变化趋势，1993—2021 年线性倾向率为 0.15 万 t/ 年（$P<0.01$）。

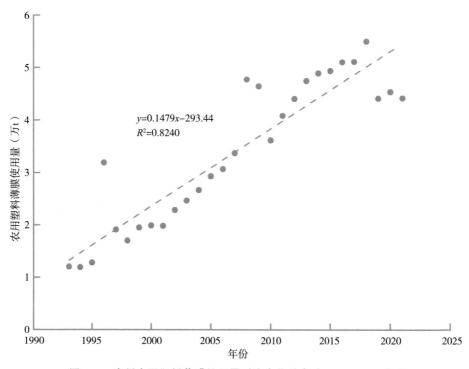

图 2-2　贵州农用塑料薄膜使用量时序变化特点（1993—2021 年）

三、贵州农用塑料薄膜使用量占比及省级行政区位次

分析 1993—2021 年贵州农用塑料薄膜使用量占全国农用塑料薄膜使用量百分比，如图 2-3 所示。1993—2021 年贵州平均使用了全国 1.8% 的农用塑料薄膜，最多使用了全国 3.0% 的农用塑料薄膜（1996 年），最少使用了全国 1.3% 的农用塑料薄膜（1994年），1996 年、2008 年、2009 年、2017 年、2018 年农用塑料薄膜使用量超过全国总量的 2%，1994 年、1995 年、1998 年、2000 年、2001 年、2002 年使用量少于全国 1.5%。

比较 1993—2021 年贵州农用塑料薄膜使用量在全国 31 个省级行政区（不含香港、澳门、台湾，下同）中的位次，如图 2-3 所示。1993—2021 年，贵州农用塑料薄膜使用量在各省级行政区中平均排在第 21 位，最高排在第 14 位（1996 年），最低排在第 24 位（1998 年），1996 年、2008 年、2009 年、2013 年、2014 年、2015 年、2016 年、2017 年、2018 年位次位于 14 ～ 20 位。1993—2021 年，贵州农用塑料薄膜使用量具

有明显的时序变化。

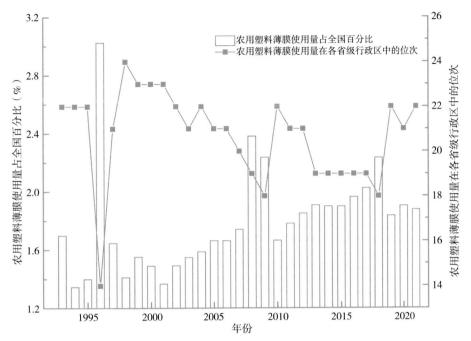

图 2-3　贵州农用塑料薄膜使用量占全国百分比及在各省级行政区中的位次时序变化特点
（1993—2021 年）

第二节　地膜使用量时序变化

一、全国地膜使用量时序变化特点

依据《中国农村统计年鉴》获取全国地膜使用量序列，利用线性倾向估计法对地膜使用量进行变化趋势分析。由图 2-4 可知，1993—2021 年，全国地膜使用量平均为 102.0 万 t，最低值为 37.5 万 t（1993 年），最高值为 147.0 万 t（2016 年）。全国地膜使用量呈现先增加后减少的变化趋势，1993—2016 年线性倾向率为 4.76 万 t/ 年（$P<0.01$），2017—2021 年线性倾向率为 –2.80 万 t/ 年（$P<0.01$）。

二、贵州地膜使用量时序变化特点

利用线性倾向估计法对贵州地膜使用量进行变化趋势分析，如图 2-5 所示。1993—2021 年，贵州地膜使用量平均为 2.0 万 t，最低值为 0.6 万 t（1993 年），最高值为 3.3 万 t（2013 年）。贵州地膜使用量与全国地膜使用量变化趋势一致，先增加后减少，1993—2013 年线性倾向率为 0.11 万 t/ 年（$P<0.01$），2014—2021 年线性倾向率为 –0.15 万 t/ 年（$P<0.01$）。

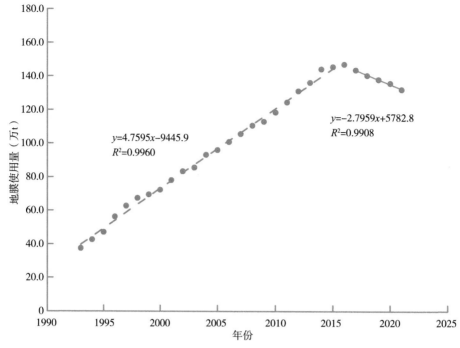

图2-4 全国地膜使用量时序变化特点（1993—2021年）

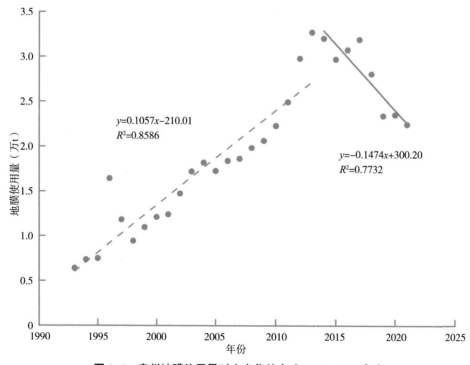

图2-5 贵州地膜使用量时序变化特点（1993—2021年）

三、贵州地膜使用量占比及省级行政区位次

分析 1993—2021 年贵州地膜使用量占全国地膜使用量百分比，如图 2-6 所示。1993—2021 年，贵州平均使用了全国 1.9% 的地膜，最多使用了全国 2.9% 的地膜（1996 年），最少使用了全国 1.4% 的地膜（1998 年）。1996 年、2011 年、2012 年、2013 年、2014 年、2015 年、2016 年、2017 年，贵州地膜使用量超过全国总量 2%，1998 年少于全国总量 1.5%。

比较 1993—2021 年贵州地膜使用量在全国 31 个省级行政区中的位次，如图 2-6 所示。1993—2021 年，贵州地膜使用量在各省级行政区中平均排在第 20 位，最高排在第 14 位（1996 年），最低排在第 23 位（1998 年、2000 年、2001 年），1993 年、1994 年、1996 年、1997 年、2003 年、2004 年、2012 年、2013 年、2014 年、2015 年、2016 年、2017 年、2021 年位于 14 ～ 20 位。1993—2021 年，贵州地膜使用量具有明显的时序变化。

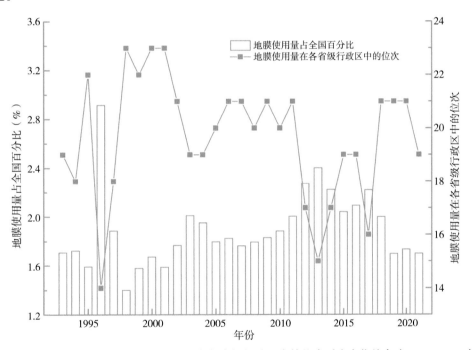

图 2-6　贵州地膜使用量占全国百分比及在各省级行政区中的位次时序变化特点（1993—2021 年）

四、贵州各市州地膜使用量

依据贵州省各市（州）农业农村部门调查数据获取地膜使用量，分析 2019—2021 年各市（州）地膜使用量占全省地膜使用量百分比，如图 2-7 所示。与 2019 年相比，2021 年遵义市、黔南州、黔东南州、六盘水市、安顺市地膜使用量占全省地膜使用百分比均有所增加。综合三年来看，毕节市平均使用了全省 43.2% 的地膜，占全省第

一，遵义市、黔南州、黔东南州、铜仁市平均使用了全省 15.9%、12.5%、7.6%、5.5%
的地膜，黔西南州、六盘水市、安顺市、贵阳市地膜使用量占全省地膜使用量百分比
的平均值低于 5%。

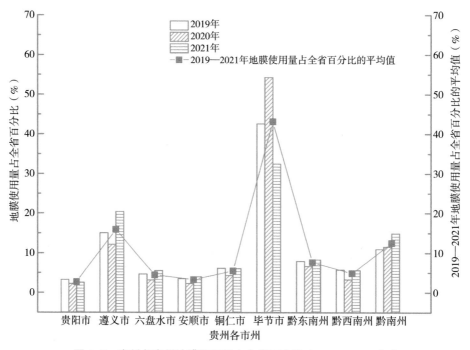

图 2-7　贵州各市州地膜使用量占全省百分比（2019—2021 年）

第三节　地膜覆盖面积时序变化

一、全国地膜覆盖面积时序变化特点

依据《中国农村统计年鉴》获取全国地膜覆盖面积序列，利用线性倾向估计法对
全国地膜覆盖面积进行变化趋势分析。由图 2-8 可知，1993—2021 年，全国地膜覆盖
面积平均为 1370.5 万 hm^2，最低值为 572.2 万 hm^2（1993 年），最高值为 1865.7 万 hm^2
（2017 年）。全国地膜覆盖面积呈现递增的变化趋势，线性倾向率为 46.3 万 hm^2/ 年
（$P<0.01$）。

二、贵州地膜覆盖面积时序变化特点

利用线性倾向估计法对贵州地膜覆盖面积进行变化趋势分析，如图 2-9 所示。
1993—2021 年，贵州地膜覆盖面积平均为 22.3 万 hm^2，最低值为 8.6 万 hm^2（1994 年），
最高值为 37.4 万 hm^2（2021 年）。贵州地膜覆盖面积与全国地膜覆盖面积变化一致，呈
递增的变化趋势，1993—2021 年线性倾向率为 0.94 万 hm^2/ 年（$P<0.01$）。

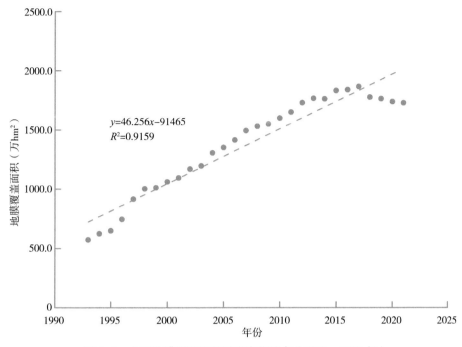

图 2-8　全国地膜覆盖面积时序变化特点（1993—2021 年）

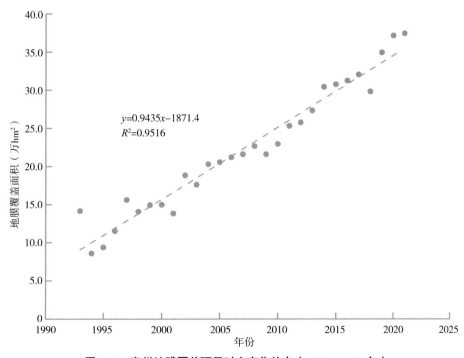

图 2-9　贵州地膜覆盖面积时序变化特点（1993—2021 年）

三、贵州地膜覆盖面积占比及省级行政区位次

分析 1993—2021 年贵州地膜覆盖面积占全国地膜覆盖面积百分比，如图 2-10 所示。1993—2021 年，贵州地膜覆盖面积占全国总覆盖面积的平均值为 1.6%，最高占全国地膜总覆盖面积的 2.5%（1993 年），最低仅为全国总覆盖面积的 1.3%（2001 年）。1993 年、2020 年、2021 年地膜覆盖面积超过全国总覆盖面积的 2%，1994 年、1995 年、1998 年、1999 年、2000 年、2001 年、2003 年、2006 年、2007 年、2008 年、2009 年、2010 年、2012 年地膜覆盖面积不到全国总覆盖面积的 1.5%。

比较 1993—2021 年贵州地膜覆盖面积在全国 31 个省级行政区中的位次，如图 2-10 所示。1993—2021 年，贵州地膜覆盖面积在各省级行政区中平均排在第 18 位，最高排在第 16 位（2017 年、2019 年、2020 年、2021 年），最低排在第 20 位（1994 年、1995 年、1996 年、1999 年、2001 年、2010 年），1993 年、1997 年、2005 年、2006 年、2013 年、2014 年、2015 年、2016 年、2017 年、2018 年、2019 年、2020 年 位 次 在 16 ～ 18 位。1993—2021 年，贵州地膜使用量具有明显的时序变化。

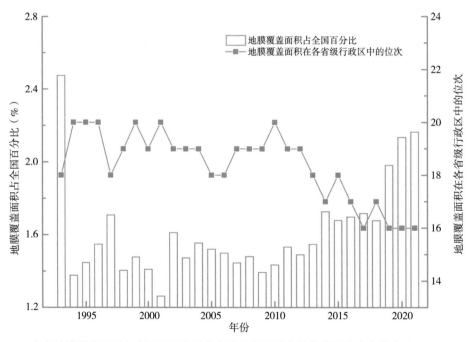

图 2-10　贵州地膜覆盖面积占全国百分比及在各省级行政区中的位次时序变化特点（1993—2021 年）

四、贵州各市州地膜覆盖面积

分析 2019—2021 年贵州省九个市（州）地膜覆盖面积占全省地膜覆盖面积百分比，如图 2-11 所示。与 2019 年相比，2021 年遵义市、黔南州、黔东南州、贵阳市、安顺市地膜覆盖面积占全省地膜覆盖面积百分比均有所增加。综合三年来看，毕节市

地膜覆盖面积平均为全省 51.8%，占全省第一，遵义市、黔南州、铜仁市、六盘水市地膜覆盖面积平均为全省 10.1%、8.9%、7.3%、5.5%，黔东南州、安顺市、贵阳市、黔西南州地膜覆盖面积平均值低于全省 5%。

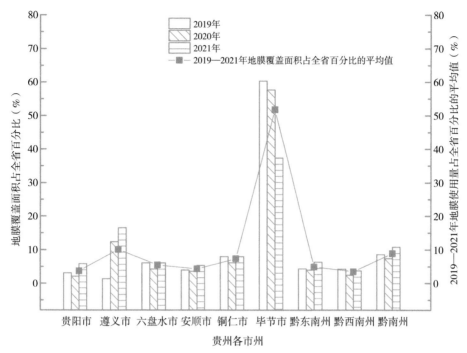

图 2-11　贵州各市州地膜覆盖面积占全省百分比（2019—2021 年）

第四节　贵州地膜使用与回收现状

农户是农业生产活动的基本单元（严昌荣等，2015；崔吉晓等，2023），其使用、回收和处理地膜的决策与行为，直接影响地膜覆盖技术应用与污染防治。根据《农田地膜残留监测方案》，以农户为基本调查单元，采用调查问卷方式开展农田地膜使用及回收情况调查，基本摸清了贵州地膜使用与回收现状。

一、调查基本情况

通过对农户基本信息、地膜使用与废旧地膜回收情况、废旧地膜回收网点等方面开展调查，累计完成有效调查问卷 2480 份。结果显示，种植户类型以普通农户为主，占 89.3%，种植大户为辅，仅为 10.7%（图 2-12）。种植大户的耕地覆膜面积和比例较高（图 2-13）。涉及作物有蔬菜、辣椒、烤烟、玉米、马铃薯、水果和其他，涵盖了贵州的主要覆膜作物。

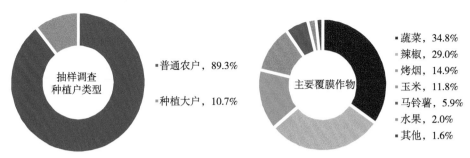

图 2-12 种植户类型和主要覆膜作物统计

（种植大户耕地面积≥ 50 亩）

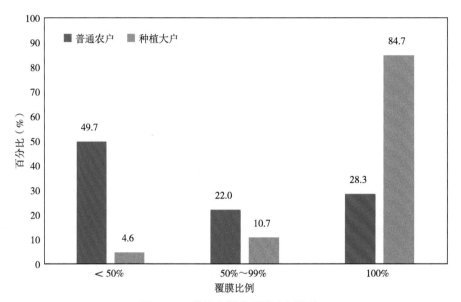

图 2-13 种植户耕地覆膜比例统计

（覆膜比例为覆膜面积与耕地面积的比值，下同）

二、地膜使用现状

根据调查问卷分析（表 2-1），贵州省平均覆膜比例为 30% ～ 89%，受高程和气候等地理因素影响，高海拔地区（毕节市、六盘水市和黔西南州）的平均覆膜比例和平均年地膜使用量较大。贵州省平均地膜覆盖强度（每亩地膜使用量）为 5.0 ～ 9.3 kg/亩，平均地膜使用强度（每年单位耕地面积的地膜使用量）23.8 ～ 98.4 kg/（hm² · 年），其中六盘水市平均地膜使用强度最高，其次为黔南州和遵义市。

覆膜种植方面的调查结果显示，种植户主要使用 0.01 mm 厚度的普通聚乙烯地膜，宽度以 120 cm 为主（图 2-14a），颜色以无色透明为主（图 2-14b），其次为黑色、银色和黑白双色地膜。多数覆膜作物采用膜上栽培（图 2-15a）和垄作覆膜栽培（图 2-15b）为主，但马铃薯为膜下栽培、玉米以平作覆膜为主。作物覆膜时间主要集中在 3—6 月，马铃薯为 11—12 月（图 2-16a）。地膜回收时间以 9 月和 10 月为主（图

2–16b），使用年限以 6～10 年的地块占比最大（图 2–16c），使用周期以 4～6 个月为主（图 2–16d）。

表 2–1　贵州省各市（州）覆膜比例、地膜使用量和强度统计

市（州）	覆膜比例（%）	地膜覆盖强度（kg/ 亩）	地膜使用强度[kg/（hm²·年）]
贵阳市	38	8.3	47.5
六盘水市	86	7.3	98.4
遵义市	52	9.1	72.4
安顺市	71	5.9	58.3
毕节市	89	5.0	66.6
铜仁市	30	5.6	23.8
黔西南州	87	5.4	69.6
黔东南州	41	9.3	46.2
黔南州	62	9.3	86.0
全省	61	7.2	61.8

 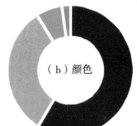

图 2–14　地膜标识宽度和颜色统计

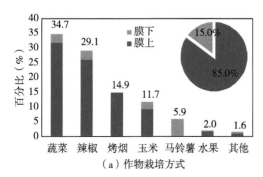 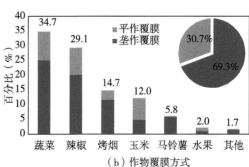

图 2–15　作物栽培和覆膜方式统计

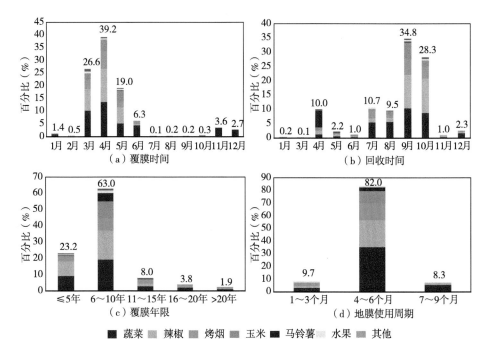

图 2-16　作物覆膜时间、回收时间、覆膜年限和地膜使用周期统计

三、地膜回收及处理现状

经过多年覆膜种植和地膜回收工作的有效宣传，种植户对地膜的增产效果、残留地膜给农业生产带来的不利影响均具有较为深刻的认识（表 2-2）。2480 户被调查种植户多为作物收获后进行土壤翻耕时人工捡拾废旧地膜，大部分种植户都对农田进行了全面的残膜回收清理。废旧地膜无法有效回收的主要原因是"地膜比较薄，强度低，容易破碎"，其次为"劳动力不足，没有时间"。大部分被调查种植户不了解附近地膜回收网点情况，仅 4.6% 的种植户反馈附近已有或者在建回收网点。56% 的废旧地膜被较为有效地处理，其中，种植户主要将其作为农村垃圾集中处理。

表 2-2　地膜回收及处理调查结果统计

调查内容	选项	比例（%）
地膜增产效果	明显	92.8
	有增产但不明显	7.2
残留地膜给农业生产会带来哪些不便与危害	影响耕作	35.2
	污染农田环境	23.4
	影响作物生长	16.9
	造成作物减产	16.8
	改变农田土壤结构，使耕地质量下降	7.5
	没有影响	0.1

续表

调查内容	选项	比例（％）
残留地膜危害的了解途径	村里宣传	41.3
	网络	33.9
	电视	20.8
	报纸杂志	3.9
废旧地膜的回收处理	地表全部清理干净后在翻耕时再捡拾一遍	73.3
	只进行地表清理	26.0
	不进行任何回收处理	0.6
废旧地膜的回收方式	人工捡拾	99.5
	机械捡拾	0.5
废旧地膜回收时间	秋天作物收获后进行土壤翻耕时	88.4
	春季整地播种时	8.3
	作物生育期间揭膜	3.3
废旧地膜无法有效回收的主要原因	地膜比较薄、强度低、容易破碎、不易回收	73.8
	劳动力不足、农事紧张、没有时间	25.8
	没有必要、不值得回收	0.4
地膜回收网点数量	不了解	71.0
	无	24.4
	已有或在建	4.6
废旧地膜的处理方式	处理（作为农村垃圾集中处理为主，少部分回收后卖掉）	56
	不处理（回收后焚烧或填埋、堆置田头、直接翻入农田）	44

参考文献

崔吉晓, 徐菊祯, 白润昊, 等, 2023. 我国典型区域农户地膜应用与回收处理行为的调查研究 [J/OL]. 农业资源与环境学报 . DOI:10.13254/j.jare.2023.0037.

严昌荣, 何文清, 刘爽, 等, 2015. 中国地膜覆盖与残留污染防控 [M]. 北京 : 科学出版社 .

第三章　贵州代表性作物地膜覆盖技术模式

第一节　烤　烟

地膜覆盖栽培是烤烟生产的一项关键技术。地膜覆盖具有提高地温、改善土壤水分条件、抑制水分蒸发、促进微生物活动、改善土壤养分状况、促进烟株和根系生长发育、提高烟叶产量和品质的作用。贵州是我国第二大烤烟种植大省，当前主要采用井窖式移栽地膜覆盖栽培技术和大窝深栽地膜覆盖栽培技术。

一、井窖式移栽地膜覆盖栽培技术

（一）主要技术参数

井窖式移栽地膜覆盖栽培技术是指起垄后在植烟垄体顶部制作形似微型水井和地窖的孔洞，并将适栽烟苗植入其中的技术。制作的井窖上部为圆柱形、下部为圆锥形，井窖窖深 18～20 cm，窖口直径 8～10 cm，如图 3-1 所示。移栽时烟苗根系接触井窖底部且呈站立状，烟苗生长点离井窖口 3 cm 左右。

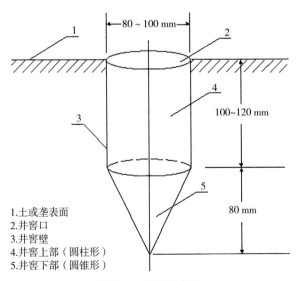

1.土或垄表面
2.井窖口
3.井窖壁
4.井窖上部（圆柱形）
5.井窖下部（圆锥形）

图 3-1　井窖示意图

（二）关键技术作业流程

深耕整地后条状施基肥，用起垄机起垄，当土壤含水率大于土壤田间饱和持水量60%时覆膜，在垄体上部按株距50 cm制作井窖，待烟苗功能叶4～5片叶后移栽，并淋施定根水，查苗补苗。先烟后膜，烟田在查苗补苗后覆膜。适时追肥后填土封膜。

（三）其他技术措施

整地施肥和起垄：深耕整地，清除上茬作物秸秆，深翻土地≥30 cm，开挖排水沟，70%的氮钾肥和全部的磷肥作为基肥条施于垄底。用起垄机起垄，要求行匀垄直，垄体饱满，垄面平整，垄土细碎。按110～120 cm开厢起垄，垄底宽60～80 cm，垄面宽40 cm，垄高25～30 cm。

移栽：移栽时将烟苗竖直放入井窖内，呈直立状，根部基质不散落，烟苗不悬空。

淋施定根水：追肥与清水混合后搅拌均匀，配制成质量浓度为1%～2%的肥液，沿井窖壁淋下或对准井窖壁喷施，当垄体含水率小于50%时，每窖施用量150～200 mL，垄体含水率为50%～70%时，施用量100～150 mL，垄体含水率大于70%时，施用量50～100 mL。

追肥：在移栽后7～10 d第一次追肥，配制质量浓度为2%～4%的肥液，沿井窖壁淋下或对准井窖壁喷施；移栽20～25 d第二次追肥，在距烟株茎基部10 cm的垄体上，制作深10～12 cm，宽2～3 cm的追肥孔，将剩余的追肥施入追肥孔，并覆土封严追肥孔，避免肥料损失。

查苗补苗：移栽后3～5 d查苗补苗，保证苗壮苗齐。

填土封膜：当烟株生长点高出井窖口2～3 cm时用细土将井窖填实，并用土压实井窖口的地膜。

（四）应用效果和适宜区域

井窖式移栽地膜覆盖栽培技术能实现小苗适期深栽，解决贵州烟区高茎壮苗培育难、移栽速度慢、移栽强度高、幼苗成活质量低等难题，应用该技术可促进烟株早生快发、提高烤烟产量、增加中部叶含量，提升烟叶化学协调性和改善内在品质。目前，井窖式移栽地膜覆盖栽培技术在贵州已全面推广应用。

二、大窝深栽地膜覆盖栽培技术

（一）主要技术参数

大窝深栽地膜覆盖栽培技术是指起垄后在植烟垄体顶部定点打窝，将适栽烟苗植入其中的技术。定好株距后拉绳定点打窝，用锄头等工具挖直径25 cm左右、深15 cm左右的大窝，确保烟苗除茎顶端3 cm露出土层外，剩余茎秆能够全部植入土内。

（二）关键技术作业流程

深耕整地后用起垄机起垄，在垄体上部按株距 50 cm 打大窝，将有机肥和基肥施入窝中，与土混合均匀后，覆盖 3～5 cm 的细土避免烟根与肥料直接接触烧苗。栽烟时将 5～6 片叶的烟苗植入窝内封土固定烟苗，浇足定根水，及时覆膜。并将窝心膜划破一个小孔，掏出烟苗后用细土压膜固苗，只露心叶，苗心距地面 1～1.5 cm，使烟窝呈"碟"形。先膜后烟的烟田，采用移栽器移栽，淋施定根水，查苗补苗后适时追肥后破膜填土。

（三）其他技术措施

整地起垄：深耕整地，清除上茬作物秸秆，深翻土地 ≥ 30 cm，用起垄机起垄，垄底宽 60～80 cm，垄面宽 40 cm，垄高 25～30 cm，垄体要求饱满，垄面平整细碎。

移栽：移栽时烟苗放入窝内，使根系与土壤充分接触，不可将根系在窝内悬空，封土固定烟苗。先膜后烟的烟田，按照株距要求定点，采用移栽器移栽，移栽时直接打孔栽烟，孔深 10～15 cm。

淋施定根水：在土壤墒情不足时，烟苗栽后及时浇淋定根水，每棵烟苗浇水 1～2 kg。按照"先膜后烟"方式移栽的，栽后每株从破膜处浇定根水。按照"先烟后膜"方式移栽的，移栽时先浇一次定根水，盖膜时再从破膜处浇一次水，每次每株 1 kg 定根水。

追肥：在移栽后 7～10 d 第一次追肥，配制质量浓度为 2%～4% 的肥液，用施肥枪施肥。在移栽后 20～25 d 第二次追肥，在距烟株茎基部 10 cm 处打深 10～12 cm、宽 2～3 cm 的施肥孔，将剩余追肥施入，并覆土封严。

查苗补苗：移栽后 3～5 d 查苗补苗，保证苗壮苗齐。

破膜填土：先烟后膜方式移栽，覆膜后在窝口膜上开 0.5～0.7 cm 的透气孔，烟苗叶片与地膜接触 3～5 d 后破膜引苗，填土。

（四）应用效果和适宜区域

大窝深栽地膜覆盖栽培技术能解决烤烟移栽时有效降雨不足、抗旱难度大的难题，具有省工省时、大幅提高烟苗移栽成活率、促进烟株早生快发、提高烟叶产量和质量的作用。贵州烤烟种植区均适宜，特别是干旱少雨地区。

第二节　辣　椒

辣椒为茄科辣椒属的一年生草本植物，是喜温蔬菜，怕霜冻，忌高温，生长适温为 15～34℃。覆盖地膜可以改善土壤理化性质，达到增温、保水保肥，抑制杂草的效果。同时，可降低病虫害的发生概率，加快辣椒植株的生长速度，增加产量、提高品质。贵州是我国辣椒种植面积较大的省份，常年种植面积 30 余万 hm^2。目前，贵州辣椒栽培主要采用井窖式打孔地膜覆盖移栽技术。

（一）主要技术参数

辣椒井窖式打孔地膜覆盖移栽技术是在烤烟井窖式栽植技术上引进而来的，用上部为圆柱形、下部为圆锥形的定值打孔机打孔，孔的直径为 10 cm、深度为 15 cm。

（二）关键技术作业流程

土壤深耕后耙细耙平，用起垄机起垄后，进行条状施肥。盖膜前水分须充足，达到土壤握之成团、弃之能散的标准。水分不足应浇水，或在下雨后，待表土收汗，再盖膜。采用株行距 40 cm×50 cm 双行单株定植，待辣椒苗生长至 8 叶 1 心后进行移栽。一般地膜覆盖的移栽时间比露地早 5～7 d，定植后浇定根水，定植孔盖土封膜，移栽后适时查苗补苗、追肥，中耕除草及病虫害防治。

（三）其他技术措施

深耕整地、施肥起垄盖膜：深耕深度约 30 cm，整地时要随翻随耙，使土壤疏松细碎，疏松土壤深度大于 25 cm，并开挖排水沟。每亩用腐熟农家肥 2500 kg、复合肥（$N-P_2O_5-K_2O=15-15-15$）50 kg 条状施入，用起垄机按 130 cm 开厢起垄，垄面宽 80 cm，垄沟宽 50 cm，垄高 20 cm 为宜。铺膜时膜与垄面间不要有空隙，两边用土压紧压实。如地膜有破损，可进行盖土封严。

定植：采用双行单株带土（基质）移栽，将 8 叶 1 心辣椒幼苗从漂浮盘（或穴盘）上拔出，拔苗时要慢、轻，防止伤苗、断根、基质脱落，然后将幼苗放入定植孔内，保证幼苗居中直立。

浇定根水、填土封膜：辣椒定植时，采用喷雾器进行根部点罐定根水，每株应浇定根水 100～200 mL。浇定根水后，填土封膜。同时，在定根水中可加入防治地下害虫、根腐病、青枯病、疫病等药剂一并施入。

查苗补苗：移栽后 5～7 d 及时检查辣椒苗成活情况，发现缺苗或死苗情况立即补苗。

追肥：在施足底肥的基础上，根据辣椒不同生育阶段对养分的需求进行科学追肥，以确保辣椒稳长、不早衰，达到高产目的。辣椒缓苗后及时追施起苗肥，每亩用人畜粪尿 700 kg+尿素 10 kg 浇施。开花至第 1 次采收前，每亩追施人畜粪尿 1000 kg+硼肥 5 kg，可促进花芽分化，提高坐果率，增强植株抵抗力。盛果期是整个生长期需肥量最大的时期，每亩可施人畜粪尿 1500 kg，适量增加钾肥 10 kg，并配合使用一定数量微肥。

田间管理：随时保证垄沟和植株处的土壤无杂草。抽查田间垄面水分情况，并根据椒苗、气候、土壤情况，早晚及时用小水滴喷灌水分，防止辣椒干旱。同时，做好开沟排水工作，做到雨后田间无积水，防止形成涝灾，使椒苗窒息死亡。

病虫害防治：病虫害的防治应遵循"防为主、治为辅"的原则，按不同生长期的病虫进行重点防治。辣椒大田期主要病害有疫病、根腐病、青枯病以及成熟期的炭疽病。主要虫害有蚜虫、烟青虫、棉铃虫、螨虫、地老虎、蝼蛄、蓟马等。

（四）应用效果和适宜区域

井窖的保温保湿、遮阴避光的原理和定植孔的井窖效应，可直接将辣椒苗放入"井窖"内，定植后盖土覆膜即可。辣椒常规栽植费工费时，劳动强度较大。辣椒井窖打孔移栽具有省工省时、节约成本、效率高、效果好等优点。该技术在贵州辣椒栽培上逐渐得到广泛应用，特别是干旱少雨地区。

第三节 蔬 菜

贵州常年种植各类蔬菜 60 万 hm^2 左右，地膜覆盖栽培技术在贵州省蔬菜种植中被广泛应用。地膜覆盖栽培能有效解决蔬菜生长过程中低温、干旱等不利自然条件的影响，同时还有保墒、抑制杂草生长等作用。蔬菜作物种类繁多，生长习性各异。因此，地膜覆盖方式需根据不同的蔬菜类型，选择适合的地膜覆盖栽培模式，本节围绕贵州省瓜果类和叶菜类地膜覆盖栽培技术进行介绍。

一、瓜果类

（一）主要技术参数

选择适宜的瓜果类蔬菜（如番茄、茄子、黄瓜、丝瓜、豇豆等）及相应的品种，采用露地起垄覆膜栽培方式，按 150 cm 开厢起垄，移栽前 7～10 d 覆膜，也可覆膜前先播种或先移栽，适时早栽。

（二）关键技术作业流程

深翻碎土，整地去除杂草，选择适宜的品种培育壮苗。在盖膜前 3～4 d 重施基肥，开厢起垄。盖膜前 1 d 浇水，湿透底土，移栽前 7～10 d 覆膜，四周用土固定，打孔，定植幼苗。控制生长前期水肥、补充中后期水肥，按照蔬菜田间管理要求进行管理，适时采收。

（三）其他技术措施

品种选择：宜选早熟、抗病、高产、优质的品种。

开厢起垄：选择较为平坦的地势种植，整地要精细。深翻碎土，充分捣碎平整土地。按 150 cm 开厢起垄，垄宽 100 cm，垄高 30 cm，沟宽 50 cm。若土壤过分黏重，垄面不平，可在垄面盖一层砂。

施肥浇水：盖膜前 3 ～ 4 d 施基肥，以有机肥为主，适当控制氮肥，增施磷、钾肥。

适时早栽：地膜覆盖栽培的定植期比露地栽培提早 7 d 左右，早春宜在寒潮快过的冷尾暖头，选晴天时带土定植，移栽后淋定根水，及时用细土盖严定植孔。

田间管理：及时打孔扶苗防止烂苗，保证苗齐、苗壮。地膜覆盖栽培要及时做好插竹引蔓工作，一般比露地栽培提前 7 ～ 10 d 进行，以确保蔬菜的正常生长。生长前期菜苗小，需水肥少，宜控制水肥。如干旱严重，可适当灌水，切忌漫灌，以免根系缺氧，导致死亡。中后期需水肥多，应补充水肥，否则导致植株早衰，落花落果，影响产量和品质。时常检查定植穴和地膜的完整程度，发现裸露或裂口，要及时培土和修补。及时除草，避免杂草生长影响地膜覆盖效果，对于定植口或裂口处长出的杂草，及时拔掉并用土封口。注意防治虫害和土壤病害传播。采收后，及时清除废旧残膜并回收，防止残膜污染。

（四）应用效果和适宜区域

地膜覆盖栽培具有保温、保墒、保肥、增产的功能，有利于瓜果类蔬菜根系发育，提高果实生长速度，减轻或抑制病害发生，延长蔬菜生育期、结果期和供应期，提高蔬菜产量，在贵州全省均有较好的适宜性。

二、叶菜类

（一）主要技术参数

选择适宜的叶菜类蔬菜（如生菜、菠菜、结球甘蓝、芹菜、芫荽、苋菜等）及相应的品种，采用双膜覆盖栽培方式。在高垄地膜覆盖栽培的基础上，用长度适宜的竹枝在垄面上支起高 17 ～ 30 cm 的拱形支架，地膜直接盖在拱形支架上，7 ～ 8 d 通风一次，待苗壮实后，再拆掉上层地膜。

（二）关键技术作业流程

选择较为平整、适宜的地块，翻挖 30 cm，施入有机肥，按 80 ～ 100 cm 开厢起垄盖膜。选择晴天时进行移植幼苗，定植 7 ～ 10 d 盖膜、打孔、封土。淋足定根水，再在垄面上搭建塑料薄膜小拱棚，即成双层覆盖。该方式有防雨、防霜、防风害等作用。

（三）其他技术措施

整地施肥：选择较为平整、适宜的地块，施足有机肥，用量比一般菜田高 30% ～ 50%，灌 1 次大水，及时耕翻，使土肥混匀，平整细碎。

起垄盖膜：按 80 ～ 100 cm 开厢起垄，垄宽 100 cm，垄高 30 cm，沟宽 50 cm，用

木板将表土整平后盖膜。

打孔定植：选择晴天移植幼苗，株距 20 cm，根据株距打孔，定植 7 ～ 10 d 盖膜、打孔，并进行定植孔封土，淋足定根水。用长度适宜的竹枝在垄面上支起高 17 ～ 30 cm 的拱形支架，地膜直接盖在拱形支架上，用土压严四周，7 ～ 8 d 通风一次，待气温稳定，苗壮实后，再拆掉上层地膜。

田间管理：如放风不及时，或放风量不够，会产生膜下高温烧伤幼苗的危害。另外，定植孔封闭不严密，膜下高温、高湿气体从孔中冲出也会伤害植株茎叶。因此，覆盖地膜后，要视天气回暖情况，逐步扩大放风量。如定植偏早或出现倒春寒，易发生霜冻和冷害，应注意预防。

病虫害防治：虽然地膜覆盖栽培具有综合改善生态环境，抑制或减轻病虫害的作用，但蔬菜仍受多种病虫害的威胁。同时，因地膜覆盖栽培物候期提前，病虫害也随之提前发生。因此，应加强田间观察，注意及时进行病虫害的防治。

（四）应用效果和适宜区域

叶菜地膜覆盖栽培较露地栽培可提前定植 15 ～ 20 d，能早熟 8 ～ 12 d，因而可获得早熟、高产、优质和较高的经济效益，在贵州全省均具有较好的适宜性。

第四节　玉　米

贵州常年种植玉米 65 万 hm² 左右，而地膜覆盖栽培技术则是提高贵州玉米单产的一项有效措施。在贵州采用地膜玉米栽培技术，主要在以下三个区域发挥该技术优势。一是高寒山区（海拔 1500 m 以上），增温、保墒、增产方面具有显著的优势；二是中低海拔区，该地区可提前播种，躲过后期伏旱的危害；三是日均温 >10℃期间光合有效辐射的南部地区和北部赤水河一带，可实现一年两季种植鲜食、青贮玉米，提高土地利用率和经济效益。

玉米生产应用上总体有三种划分方法，一是按用膜方式分为宽膜和窄膜，宽膜增温、保墒效果明显，窄膜针对山区地块破碎的问题应用率较高；二是按盖膜、播种的先后顺序，分为先播种后盖膜和先盖膜后播种两种方式；三是按种植方式分为等行等穴距、等行错穴距，宽窄行等穴距、宽窄行错穴距四种，其中宽窄行错穴距争光效果显著优于前三种。综合当前生产应用效果和前景，主要介绍窄行覆膜错穴和宽膜覆盖错穴栽培技术模式。

一、窄行覆膜错穴栽培技术

（一）主要技术参数

窄行覆膜错穴栽培技术是指实行宽窄行错位挖穴，一次性施足底肥，窄行铺膜

（宽行不铺膜）压膜成垄的玉米栽培技术。按宽窄行种植方式，根据不同区域和生产技术确定适宜的密度，设计并固定行穴距，并将底肥放在穴中心位置，然后铺膜（透明膜为主）。用宽行的泥土压膜，在压膜的同时用土盖严穴中心的底肥。播种时，在垄面上朝一个方向用简易打孔器打孔播种。一般播深 4～5 cm，膜孔直径 3～5 cm，每穴播 2～3 粒，深浅一致，边播种边检查土壤盖种情况，覆土严密（图3-2）。

图3-2 玉米窄行覆膜错穴栽培

（二）关键技术作业流程

适时翻耕，深耕 30 cm 左右，精细平整，疏松土壤，上虚下实，达到深、松、细、平、净等标准。播种标准为种子到垄边的距离 ≥ 5 cm，如 80 cm 的膜宽，膜两边压土 ≥ 5 cm，即窄行距为 50～60 cm，宽行一般为 80～90 cm 为宜。覆膜要直，松紧度适中，膜面无皱褶，要求平、紧、严、宽，即地整平，膜压紧，边压严，尽量扩大膜的受光面。

（三）其他技术措施

施肥：一般施肥以基肥为主，将农家肥、磷肥、钾肥和 60% 的氮肥作底肥，或一次性施足缓释肥。在大喇叭口期追一次氮肥，追肥量占总氮量的 40%，肥料用量要足。

杂草防治：在盖膜前，应及时喷洒除草剂，做好杂草的清除工作，以免在玉米发芽期，杂草争夺土壤中的养分。

地下害虫防治：可以使用辛硫磷拌在底肥或直接撒在放肥料的穴里，以防地老虎等地下害虫对玉米种子和幼苗的危害。

查苗补苗：出苗后 3～5 d 查苗补苗，保证苗壮苗齐，在 3～5 叶期根据设计的种植密度定苗。可在地头播种盖膜留作预备用苗，每亩 500～600 株，用于移栽补苗。

（四）应用效果和适宜区域

玉米地膜覆盖可比露地栽培提早 7 ～ 10 d，窄行覆膜错穴栽培技术既能使玉米有效争光达到边际效应的作用，又能促进雨水就地入渗，还能实现整地、施肥、盖膜和播种连续作业，一次完成播种工作。同时，也能提早盖膜增温、适当保墒，减少破膜放苗工序及高温灼伤幼苗的危害。贵州地膜覆盖玉米栽培区均适用窄行覆膜错穴栽培技术。

二、宽膜覆盖错穴栽培技术

（一）主要技术参数

宽膜覆盖错穴栽培技术是利用宽膜在窄行覆膜的基础上增加一个宽行覆膜形成 2 宽窄行（种植 4 行）的垄状技术，无覆膜的宽行耕层土壤用于压膜和盖土，并形成水沟，使其既能保水也能排水，充分发挥增温保墒作用。与窄行覆膜的区别是在高寒山区较大且平整（或缓坡地）的地块利用效果明显。一般采用先膜后种方式，膜宽 ≥ 2.6 m，适墒播种土壤水分达到田间持水量的 60% ～ 70% 时，覆膜—播种可连续操作。土壤墒情差的地块根据行穴距先破膜（或订制打好孔的宽膜）并盖土，应浇水或待雨渗入根际土壤持水量达到 60% ～ 70% 后再播种。如土壤水分超过田间持水量的 80%，对玉米发芽出苗不利，排水晾墒后再播种（图 3-3）。

图 3-3　玉米宽膜覆盖错穴栽培

（二）关键技术作业流程

适时翻耕，深耕 30 cm 左右，精细平整，疏松土壤，上虚下实，达到深、松、细、平等标准。播种标准为种子到膜边的距离 ≥ 5 cm，如 280 cm 的膜宽，压膜每边 ≥ 5 cm，即窄行距为 50 ～ 60 cm，宽行一般为 80 ～ 90 cm 为宜。铺膜时，要做到膜平直，前后左右拉紧，使地膜紧贴地面，膜面光洁，采光面达 70% 左右。膜边用土压实，膜面上对着穴上的肥料压严，既要防大风揭膜又要盖好底肥。

（三）其他技术措施

施肥：一般施肥以基肥为主，将全部的农家肥、磷肥、钾肥和60%的氮肥作底肥，或一次性施足缓释肥，条施和穴施均可，条施时需铺膜后再定行穴距。在大喇叭口期追一次氮肥，追肥量占总氮量的40%。

杂草防治：在盖膜前，应及时喷洒除草剂，做好杂草的清除工作，以免在玉米发芽期，杂草争夺土壤中的养分，影响玉米发芽生长。

地下害虫防治：可以使用辛硫磷拌在底肥或直接撒在放肥料的穴里，以防地老虎等地下害虫对玉米种子和幼苗的危害。

查苗补苗：出苗后3～5 d查苗补苗，保证苗壮苗齐，在3～5叶期根据设计的种植密度定苗。在地头播种盖膜留作预备用苗，每亩500～600株，用于移栽补苗。

（四）应用效果和适宜区域

宽膜覆盖错穴栽培技术在相对平整的地块，较窄膜覆盖错穴栽培技术更能提升盖膜增温、集雨保墒的效果，并可根据墒情提前安排整地、施肥、覆膜等环节工作，适时播种。未铺膜的宽行形成的水沟，使其达到既能保水也能排水的效果。该技术对抵御高寒山区前期低温，干旱地区影响春耕生产等问题具有极为显著的作用。贵州地膜覆盖玉米栽培区或一年两季种植区相对平整的地块可采用宽行覆膜错穴栽培技术。

第五节　马铃薯

马铃薯是我国第四大粮食作物，为茄科茄属一年生草本植物。因其营养价值高，热量低，加之口感好，食用需求旺盛。此外，随着快餐业的急剧发展以及人民饮食结构的变化，马铃薯的工业加工需求也在增加。贵州是我国马铃薯种植大省，近年种植规模达60余万 hm^2。而覆膜栽培技术作为一项现代化马铃薯种植技术，被人们广泛使用。

（一）主要技术参数

采取双行起垄覆膜种植技术，施入底肥后以80 cm开厢起垄，每个厢面种植2行，垄高30～35 cm，沟宽80 cm。移栽后在垄面选用乙草胺等除草剂均匀喷洒后覆膜。待种薯出苗时，及时用小刀等工具在出苗处开"十"字口放出幼苗（图3-4）。

（二）关键技术作业流程

选择抗逆性强、增产潜力大、商品性好的早熟或中熟品种。首选整薯播种，单薯重在20～60 g，一般每亩净作4500株。播种后在垄面选用乙草胺等除草剂均匀喷洒后覆膜，覆膜后用泥土把四周压紧、压实，防止空气透入。

图 3-4　马铃薯垄作覆膜栽培

（三）其他技术措施

播种时间：高海拔地区一般在 3 月中旬至 4 月初播种，低海拔地区一般在 12 月底至次年 2 月初播种。

良种选择及薯块要求：选用无病虫害和机械损伤的脱毒种薯，单薯重 20 ～ 60 g 最佳，种薯量不足或大薯较多时，可进行切块，切块后的薯块要附有 2 个健康芽眼，种薯切块需进行消毒，使用 60% 吡虫啉悬浮种衣剂拌种。

选地与整地：地膜覆盖的马铃薯宜选中上等以上肥力、土层深厚、排透水性好的壤土及沙壤土种植。播种前应精细整地，达到深、松、细、平。

配施底肥：每亩窝施腐熟农家肥 1500 ～ 2000 kg、撒施复合肥（N-P$_2$O$_5$-K$_2$O=15-15-15）80 ～ 100 kg 作基肥，土壤较旱时可合理施用抗旱剂或凝水剂，与土壤混合均匀后再起垄播种。

开厢起垄：一般以 80 cm 开厢起垄，每个厢面种植 2 行，行距 30 ～ 40 cm，株距 25 ～ 30 cm。但贵州地理及气候情况多变，建议根据品种生育期长短、土壤肥力和栽培模式合理密植。

喷药盖膜：播种后在垄面选用乙草胺等除草剂均匀喷洒后覆膜，覆膜后用泥土把四周压紧、压实，防止空气透入。

田间管理：待种薯出苗时，及时用小刀等工具在出苗处开"十"字口放出幼苗，开口不宜过大，开口放苗后用细土盖口。加强田间管理，注意防治病虫害，重点对象为晚疫病。晚疫病发生前用大生 80% 代森锰锌可湿性粉剂进行预防；发生期可选用 25% 嘧菌酯悬浮剂、23.4% 双炔酰菌胺悬浮剂、64% 噁霜·锰锌可湿性粉剂、72% 霜脲·锰锌可湿性粉剂等进行防治。应根据当地实际发病情况或预报，喷药 1 ～ 3 次，每次间隔时间 7 ～ 10 d，为减缓抗药性的产生，应注意轮换用药。

（四）应用效果和适宜区域

马铃薯地膜覆盖栽培技术具有增温、保墒、防旱、改善土壤理化性状和抑制杂草生长，促进马铃薯早发快长、提高单产及改善品质的作用。具体来说，覆膜有效地抑制了土壤水分的无效蒸发，减少挥发性肥料流失，保持了土壤养分供给能力。同时，减少雨水对土壤表皮冲刷，防止土壤流失。早春覆膜后能使膜内土温升高 3℃左右，增加有效积温，加快马铃薯生育进程，促进马铃薯提早 10 d 左右成熟，产量可提高 10%以上。该技术适用于早春、冬作马铃薯及不保灌区域、年降水量 400 mm 以上的旱地马铃薯种植区。

第六节　糯小米

糯小米是贵州山地特色优质杂粮，被广泛应用于制作小米醡（炸）、米酒、米粥等。贵州常年种植面积 0.8 万 hm² 左右，近三年随着贵州省农业产业结构调整和脱贫攻坚战略实施，糯小米种植面积年均增加 20% 以上，价格在 20 ～ 30 元 /kg，现已成为农民增收致富的重要作物。贵州雨热同期，糯小米生长季节杂草丛生，前期长势较弱，狗尾草长势较快，严重影响糯小米产量。覆膜栽培可抑制杂草生长，提高糯小米的生长速度，增加产量、提高品质等。当前，贵州山地特色糯小米产区地膜栽培主要有低（高）垄覆膜直播栽培技术和低（高）垄育苗移栽栽培技术。

一、低（高）垄覆膜直播栽培技术

（一）主要技术参数

低垄和高垄覆膜直播栽培技术是指分别起 3 ～ 5 cm 的低垄和 20 ～ 25 cm 的高垄，然后先覆膜后直接播种的栽培技术模式，当土壤含水率大于土壤田间饱和持水量 60%时覆膜，全生育期地膜覆盖。采用圆形打孔器具制作播种孔，孔径 3 ～ 4 cm，孔深1 ～ 2 cm，然后播种。

（二）关键技术作业流程

深耕整地后条状施基肥、起垄、覆膜。在垄体上部按行距 40 ～ 50 cm，株距20 ～ 25 cm 打孔。每穴播种 10 ～ 15 粒，种播于孔中心，用细壤土封口。封口处细土较地膜高 0.3 ～ 0.5 cm，保证出苗不盘芽。

（三）其他技术措施

整地施肥和起垄：深耕整地，清除上茬作物秸秆，深翻土地 ≥ 30 cm，开挖排水沟，90% 的氮钾肥和全部磷肥作为基肥条施于垄底。起垄要求行匀垄直，垄体饱满，垄面平整，垄土细碎。按 100 cm 或 200 cm 开厢起垄，垄底宽 80 ～ 90 cm 或180 ～ 190 cm，垄面宽 70 cm 或 180 cm。

播种：糯小米籽粒小，播于孔中心位置，保证糯小米秧苗能顺着孔长出，每穴播种 10 ～ 15 粒。播后如遇雨形成硬盖时，用农具破除硬盖，以利苗全苗壮。

补、间、匀苗：对于缺苗的，应及时补种或在 5 ～ 6 叶期补苗、间苗、定苗，每穴留苗 5 ～ 6 株，保证苗壮苗齐。

除草和施肥：在秧苗拔节期前根据杂草和苗长势情况，及时将穴中的杂草清除干净，并进行追肥，每亩追施尿素 15 kg。

（四）应用效果和适宜区域

低（高）垄覆膜直播栽培技术能实现糯小米提早播种 15 ～ 20 d，不用育秧，省去育苗移栽环节，达到早播、省工和降本的目的。该技术适宜于土地资源较多，土壤肥力好，劳动力资源较充足，无茬口问题，坡地不易积水地区。

二、低（高）垄育苗覆膜移栽技术

（一）主要技术参数

垄面、垄体都与低垄、高垄直播栽培技术参数相同，当土壤含水率大于土壤田间饱和持水量 60% 时覆膜，全生育期地膜覆盖。采用圆形打孔器具制作井窖，孔径 4 ～ 5 cm，孔深 8 ～ 10 cm。

图 3-5　糯小米高垄育苗覆膜移栽

（二）关键技术作业流程

深耕整地后条状施基肥、起垄、覆膜，在垄体上部按行距 40 ～ 50 cm，株距 20 ～ 25 cm 打孔制作井窖。移栽苗每穴 5 ～ 6 株，用细土粒封口，封口处细土较地膜高 3 ～ 5 cm（图 3-5）。

（三）其他技术措施

整地施肥和起垄：深耕整地，清除上茬作物秸秆，深翻土地 ≥ 30 cm，开挖排水沟，90% 的氮钾肥和全部磷肥作为基肥条施于垄底。起垄要求行匀垄直，垄体饱满，垄面平整，垄土细碎。

按 100 cm 或 200 cm 开厢起垄，垄底宽 80 ～ 90 cm 或 180 ～ 190 cm，垄面宽 70 cm 或 180 cm。

移栽：移栽苗每穴 5 ～ 6 株，根系呈自然状态展开，尽量多带土。

淋施定根水：追肥与清水混合后搅拌均匀，配制成质量浓度为 1% 的液体，沿井窖壁淋下或对准井窖壁喷施。当垄体含水率小于 50% 时，每穴施用量 200 mL；垄体含水率为 50%～70% 时，施用量 100 mL；垄体含水率大于 70% 时，施用量 50 mL。

除草和施肥：在秧苗拔节期前根据杂草和苗长势情况，及时将穴中的杂草清除干净，并进行追肥，每亩施入尿素 15 kg。

（四）应用效果和适宜区域

低（高）垄育苗覆膜移栽栽培技术能实现推迟移栽 15～20 d，适宜于土地资源较少，土壤肥力较差，茬口紧张的糯小米生产区域。

第七节　草　莓

草莓属于蔷薇科草莓属，矮小多年生草本植物，原产于南美洲，贵州常年种植 0.27 万 hm² 左右。草莓品种繁多，外观呈心形，鲜美红艳，果肉多汁，含有特殊浓郁的水果芳香，营养丰富，富含果糖、蔗糖、氨基酸以及钙、磷、铁等矿物质，深受广大群众的喜爱。草莓覆膜种植技术的运用，有助于节约用水、减肥、减少病虫害、提高品质、增加产量，以及提早上市，增加经济效益等。

（一）主要技术参数

目前，用于草莓垄面覆盖的地膜主要有黑色地膜和银黑双色地膜，透光率低于 3%，韧性强。黑色地膜厚度 0.01～0.015 mm，银灰双色地膜厚度 0.01～0.03 mm。大棚栽培覆膜时间一般在 11 月上旬，露地栽培一般在翌年 1 月下旬至 2 月下旬。覆膜前除草、追肥，并浇透水。覆膜时应避免烧苗伤苗，根据苗的大小，控制洞口大小。

（二）关键技术作业流程

覆盖地膜之前需中耕松土除草，并清除植株枯、老、黄、病叶，平整厢面，浇透水。大棚栽培需要铺装草莓专用聚乙烯滴灌带，每垄 1～2 条，平铺于垄面中间或两边。滴灌带的长度稍长于厢面，将末端扎紧，前端与水龙头相连，之后覆盖地膜。

覆膜时，每一垄地膜长度比垄面末端多留出 30 cm 左右再剪断。晴天作业时，为避免地膜覆盖时间过长造成"烧苗"，膜不能覆盖整垄植株，需盖一段引出植株后再继续下一段。引植株出膜需保证中缝线居中，撕开适宜的洞口引出。遇到有花序的植株，注意保护花序，防止洞口过小或引苗过猛导致花序折断。一垄引苗结束后，将膜四周拉直，长边与另一垄膜的长边相交于沟底，短边贴紧垄面，大棚内尽量不露土、不留空（图 3-6 至图 3-8）。

图 3-6　草莓地膜覆盖抠膜引苗

图 3-7　草莓大棚地膜覆盖栽培

图 3-8　草莓露地地膜覆盖栽培

（三）其他技术措施

整地起垄：用旋耕机将土壤深翻 25 ～ 30 cm，翻后耙碎耙平，按 90 cm 距离拉绳放线，将腐熟的农家肥和复合肥条施在两条线中间。可以采用起垄机或人工两种起垄方式，垄面宽 50 ～ 60 cm，垄高 30 ～ 40 cm，沟宽 30 cm，垄面要求平整、顺直。

定植：大棚栽培一般在 8 月中旬到 9 月中旬定植，露地栽培一般在 10 月上中旬定植。定植时每垄栽苗 2 行，株行距 20 cm×25 cm，一般亩栽 8000 株左右，具休视土壤肥力而定。定植前先将幼苗的一部分根系剪去（约 1/5），然后用噁霉灵（1200 倍液）+咪鲜胺（1000 倍液）+吡唑醚菌酯（1000 倍液）的混合液蘸根 30 ～ 40 min。定植时注意定向栽苗，使弓背朝向垄的外侧。把握好定植深度，要求"深不埋心、浅不露根"。

缓苗期管理：草莓苗要随栽随浇，定根水要浇透浇足。定植后的 7 ～ 10 d，每天早晚各浇小水 1 次。用 75% 遮阳网遮阴，8 ～ 10 d 后揭除遮阳网，保证幼苗成活。新叶正常展开后，用小锄头给垄面松土，防止土壤通气不良造成沤根死苗。

水分管理：大棚栽培覆盖地膜后采用膜下滴灌，一般 15 ～ 20 d 灌水 1 次，冬季视土壤墒情确定灌水次数。根据叶片清晨吐水情况，判断植株是否缺水。当叶片吐水明显减少时，应及时补水，浇水量以厢面两侧渗出水为准。浇水后，开风口进行通风、排湿。露地栽培覆盖地膜前浇 1 次透水，之后不再浇水。

追肥：大棚栽培盖地膜后，通过膜下滴灌追施复合肥上清液，浓度以 0.3% ～ 0.4%为宜。采果初期每隔 15 ～ 20 d 追肥 1 次，以后每采 1 次果浇灌 1 次。同时，视植株长势还可 20 d 左右用 0.2% ～ 0.3% 磷酸二氢钾及微肥根外追肥 1 次。露地栽培覆膜前用复合肥浇施追肥 2 ～ 3 次，每亩施肥 15 ～ 20 kg。翌年破膜后整个生育期用磷酸二氢钾根外追肥 2 ～ 3 次，浓度以 0.2% ～ 0.3% 为宜。

（四）应用效果和适宜区域

黑色地膜和银黑双色地膜的透光率为 1% ～ 3%，防草效果突出，银黑双色地膜还兼有趋避蚜虫和增强反光的效果。草莓栽培采用黑色地膜或银黑双色地膜覆盖技术，能起到保温、保湿、防草、防地下害虫、增强光照、保持果面清洁等多种作用，已成为贵州省广大"莓农"认可并普遍采用的一项熟化技术。该技术操作简单，易于掌握，投入成本较低，适宜全省推广使用。

第八节　百　合

百合为百合科百合属多年生草本球根类植物，在欧美各国主要作为花卉栽培。在我国，百合除作为花卉栽培外，还兼具药用和食用的价值。贵州常年种植百合 0.27 万 hm²，主要为卷丹百合和龙牙百合，其中卷丹百合（*Lilium lancifolium* Thunb.）为《中国药典》2020 版记载药材百合的基源之一。以肉质鳞片入药，具有养阴润肺、安神定志、美容养颜、清热凉血的功效，是贵州省道地药材。龙牙百合（*Lilium brownii* var. *viridulum* Baker）是野百合（*L. brownii* F. E. Brown ex Miellez）的变种，以产品片大、瓣长、肉厚、形似龙牙而得名，淀粉含量高达 33% ~ 38%，自然分布在我国海拔 300 ~ 920 m 的山地，是我国三大食用百合之一。百合种植过程中采用地膜覆膜，可提高地温、土壤含水量，通过改善土壤的微生态环境，促进土壤有效养分的释放，从而能提高肥料利用率。同时还可有效抑制杂草生长，减少水土流失和病虫害的发生。

（一）主要技术参数

百合品种选择卷丹百合或龙牙百合，通过种球繁殖方法进行栽培。采用高垄地膜覆盖栽培法，施入底肥后，作宽 120 cm、高 25 cm 的垄，排水沟宽 30 cm，于 9—11 月移栽。覆盖地膜前应灌水造墒，促进百合根系生长，种球萌发出土。

（二）关键技术作业流程

选择适宜百合生长的微酸性非连作土壤，将有机肥和化肥作为底肥施入，作高垄和排水沟。优选单个鳞茎重 60 g 左右的种球，于 9—11 月进行移栽。按株行距 15 cm×25 cm 种植，在土壤含水率大于土壤田间饱和持水量 60% 时覆盖地膜，四周用土封实。百合出苗后要及时破膜放苗，生长期间做好中耕、除草、追肥等田间管理。

（三）其他技术措施

选地整地：选择较为平坦、排水性良好、土质疏松、土层深厚的微酸性土壤（pH 值 5.5 ~ 7.0）种植，百合忌连作，种植地块 2 ~ 3 年内应未种过茄科和百合科作物。种植前清除地块上的大石块、杂草和杂物，整平整细土壤，深耕 25 cm 以上。

施肥作垄：每亩施入 1500 kg 腐熟有机肥、碳酸氢铵 100 kg 作为底肥，每亩加入 0.7 kg 的 50% 二嗪磷乳油进行消毒，然后按要求起垄。

种球移栽：一般在 9—11 月进行移栽。选择生长饱满、无病虫害、顶平而圆、鳞片抱合紧凑、根系健壮、单个鳞茎重 60 g 左右的种球。用多菌灵或百菌清 500 倍液浸种 20 min，种球晾干后即可播种。按行距 25 cm 开种植沟，沟深 10 cm，株距 15 cm，下种时芽朝上、根朝下摆正种球，覆土厚度为种球高度的 2 ~ 3 倍。适当压紧细土，覆土不宜过薄，否则鳞茎易分瓣，影响百合的生长发育。

覆盖地膜：移栽后，土壤含水率大于土壤田间饱和持水量 60% 时，在垄面覆盖地膜，使其平展、拉直、紧贴地面，覆盖整个垄面及四周的排水沟，用土封实，防止漏气。覆膜过程中勿用力强行牵拉地膜，避免纵向紧绷。翌年出苗后，进行破膜放苗，破膜口径不宜过小。

中耕除草：幼苗出土后中耕 1 次，8 ~ 10 片叶时结合培土中耕 1 次，促进根系生长，防止植株倒伏。

培土：4 月下旬至 5 月上旬，百合现蕾前分次培土，培土时避免损伤或压埋植株。

应及时清沟排渍，做到沟沟畅通、雨停沟干。

水肥管理：遵循早施苗肥、重施壮茎肥、后期看苗补肥的追肥原则，雨季要及时清沟排水。

间苗打顶、除株芽：百合出苗后，每穴选留 1 株健壮苗，疏除细弱苗。5 月中下旬，百合现蕾时及时打顶，以控制顶端优势，减少养分消耗，使营养向鳞茎输送，促进鳞茎膨大，同时抹除叶腋间产生的株芽。打顶及摘除株芽应选择晴天上午露水干后进行。

病虫害防治：百合病害主要有叶枯病、病毒病、枯萎病等，虫害主要有蚜虫、叶斑病等。应按防治为主、药剂防治为辅的原则进行病虫害防治。蚜虫防治：可用 20% 噻虫胺悬浮剂 1500 倍液或 70% 吡蚜酮加 30% 阿维·烯啶水分散粒剂 2500 倍液喷雾防治，间隔 3 d 喷 1 次，连喷 2～3 次。叶斑病防治：于发病前后喷洒 50% 多菌灵可湿性粉剂 800 倍液，每 5～7 d 喷 1 次。

采收加工：翌年立秋后，百合植株地上部变黄枯萎，地下鳞茎已成熟，即为适宜采收期。选择晴天挖取鳞茎，剪去地上部的植株茎秆和须根，及时运回室内，进行储藏或者加工，储藏过程中需防止百合变色和干瘪。

（四）应用效果和适宜区域

经过地膜覆盖处理后，卷丹百合或龙牙百合的株高、茎粗、叶片数、鳞茎周径及产量都显著提升，增产效果明显。百合覆盖栽培还可以降低百合病虫害的发生率，在生长过程中有效减少了杂草的生长量，降低劳动强度，从而降低人工成本。该技术在贵州百合种植区均适宜，特别是易发生干旱灾害地区。

第九节　白　及

白及为兰科植物白及 *Bletilla striata*（Thunb.）Reichb.f. 的干燥假鳞茎，是贵州道地药材，2021 年已正式纳入贵州省第一批道地药材目录，贵州常年种植面积 0.67 万 hm^2。《中国药典》2020 版记载，白及可收敛止血，消肿生肌，用于治疗咯血，吐血，外伤出血，疮疡肿毒，皮肤皲裂。现代研究表明，白及具有抗菌、抗肿瘤、抗氧化、抗病毒等作用。白及现已在贵州地区大规模种植，种植过程中，杂草种类多，密度过大，会引起白及产量下降或品质降低。

（一）主要技术参数

采用高垄地膜覆盖栽培技术，深耕整地、施足底肥后，作宽 120 cm、高 25 cm 的垄，排水沟宽 30 cm、深 25 cm。种苗移植后，当土壤含水率大于土壤田间饱和持水量 60% 时覆盖地膜，四周用土封严压实（图 3-9）。

图 3-9 白及覆膜种植

（二）关键技术作业流程

选择适宜的地势和土壤进行整地，施入腐熟农家肥和复合肥作为底肥后起垄。选择生长良好，无机械损伤、无病虫害的一年生白及实生苗进行移植。株行距为25 cm×25 cm，在种苗附近插上一根长 20 cm 的竹签。在土壤含水率大于土壤田间饱和持水量60%时覆盖地膜，用剪刀在地膜的竹签凸起处开口，完整露出整棵白及苗。整理地膜，四周用土封实，后期查苗补苗、适时追肥后，可破膜填土。

（三）其他技术措施

选地整地：选择地势较为平坦、阴湿、土质疏松、透气性好、排水性好的地块，除去土壤中的大石块、杂草，精细整地、耙平。

施肥起垄：整地后每亩施入1000～1500 kg 腐熟农家肥和15～20 kg 复合肥（N-P₂O₅-K₂O=15-15-15）作为底肥，基肥用量占施肥总量的80%，然后按要求起垄。

种苗移植：白及种苗一般于春季 2—3 月进行移植。选择生长良好，无机械损伤、无病虫害的一年生白及实生苗，种苗叶片数为 3～4 片，种苗高度 ≥ 10cm，起苗应尽量保持假鳞茎完好。种植前需用多菌灵溶液（1:800）中浸泡 45 min。株行距为25 cm×25 cm，穴深度 5～8 cm、直径 8 cm，每穴 1 株。将白及种苗放入穴中，覆土压紧，浇透水，盖土 2～5 cm。在种苗附近插上一根长 20 cm 的竹签。

覆盖地膜：土壤含水率大于土壤田间饱和持水量60%时，将地膜轻轻覆盖在垄面，用剪刀在地膜的竹签凸起处开口，完整露出整棵白及苗。整理地膜，使其平展、拉直、紧贴地面，覆盖整个垄面及四周的排水沟，用土封实，防止漏气。覆膜过程中勿用力强行牵拉地膜，避免纵向紧绷。地膜在第二个和第三个生长周期要进行更换。

田间管理：包括查苗补苗、中耕除草、灌溉、追肥、病虫害防治。在白及移栽后到出苗，如有损伤苗、缺窝、枯萎和死苗等情况，应及时补苗。及时除尽杂草，每次中耕采用浅锄，避免伤芽伤根。白及喜湿润环境、喜肥，干旱时要及时浇水，雨季需及时排水，避免烂根。于5—6月和8—9月分别追肥一次。

病虫害防治：白及主要病害有锈病、块茎腐烂病等，虫害主要有地老虎、菜蚜等，按照"预防为主，综合防治"原则进行防治。

（四）应用效果和适宜区域

白及高垄地膜覆盖栽培技术不使用除草剂，可以有效降低杂草的数量，从而降低除草人工成本和除草剂成本，避免了不合理的除草剂和使用方式对白及药材产量以及药效成分的影响。该技术是以护根为主的栽培技术，覆膜可以提高土壤地温、保持土壤湿度，改善土壤环境，使白及生长环境得到明显改善，有效促进白及假鳞茎和根系的生长，提高白及药材产量，具有显著的经济效益。该技术在贵州白及大田种植区均适宜。

第四章 贵州地膜覆盖技术应用面临的问题

第一节 贵州地膜残留污染现状

一、地膜污染的形成

地膜主要由聚（氯）乙烯类为主要材料加工制备而成，在自然条件下，需要耗费上百年的时间才能完成降解（He et al.，2018；丁凡等，2021）。欧美和日本等发达国家使用的地膜较厚，一般为 0.015 mm 以上（严昌荣等，2021；赵少婷和韩艳妮，2021），当年使用后仍有较好的性能，回收方便、彻底，对技术的要求也低。然而，2017 年国家地膜新标准《聚乙烯吹塑农用地面覆盖薄膜》（GB 13735—2017）实施以前，为降低成本，中国农民更倾向使用厚度小于 0.008 mm 的地膜（邹小阳等，2017）。从当时我国地膜标准《聚乙烯吹塑农用地面覆盖薄膜》（GB 13735—1992）规定的标称厚度来看，也为 0.008 mm 左右，进一步助推了厚度小于 0.008 mm 地膜的生产和广泛应用（Liu et al.，2014）。该类地膜虽节约了成本，但地膜的抗拉强度和使用寿命也被降低，性能低、易破碎、回收难、再利用价值低（谢建华等，2013；于显枫等，2021）。从贵州地膜使用及回收调查情况来看，废旧地膜无法有效回收的主要原因也是"地膜比较薄，强度低，容易破碎"，其次为"劳动力不足，没有时间"，加之以人工捡拾为主的回收方式和回收成本等方面原因，导致废旧地膜未能得到及时有效的清理。

因此，随着地膜投入量和使用年限的不断增加，加上地膜回收体系尚未健全，导致大量的地膜残留在农田中，成为废弃量最大的农业源废弃塑料，从而造成农田土壤地膜残留污染。

二、地膜残留污染调查

（一）调查对象

依据《贵州省农田地膜残留监测方案》，以贵州省 9 个市（州）典型覆膜耕地为研究对象，基于覆膜年限、种植区域、覆膜作物和土壤类型等综合因素，采用与覆膜规模成比例的概率抽样原则，累计开展了124处地膜残留调查。重点调查了覆膜种植面积和比例均较大的规模化种植户（耕地面积≥50亩）（图4-1），涵盖了蔬菜、烤烟、辣椒等贵州主要覆膜作物。

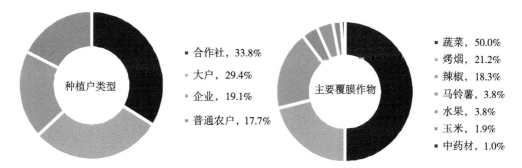

种植户类型
- 合作社，33.8%
- 大户，29.4%
- 企业，19.1%
- 普通农户，17.7%

主要覆膜作物
- 蔬菜，50.0%
- 烤烟，21.2%
- 辣椒，18.3%
- 马铃薯，3.8%
- 水果，3.8%
- 玉米，1.9%
- 中药材，1.0%

图4-1　种植户类型和主要覆膜作物统计

（二）调查方法

在作物翻耕播种前进行采样，采样时揭除当季地表覆盖地膜，每个样地随机选择5个样方，采样面积为1 m²（100 cm×100 cm），采样深度为0～30 cm。将土壤样品放在帆布上，用10目的筛子筛去土壤，将肉眼可见的残膜拣出，放入布袋，残膜收集完后，恢复土壤原貌（李亮亮等，2022）（图4-2）。

地块原貌　中心地块GPS　样方

筛选残膜　样品　恢复农田

图4-2　农田地膜残留调查

（三）样品测试

将采集的残膜带回实验室，先用清水浸泡20 min，去除附着在地膜上的大量泥土和树枝残叶等杂物，再用超声波清洗仪清洗30 min。清洗完后用滤纸将地膜上的水分吸干，小心展开卷曲的地膜，放在干燥处自然晾干。然后用电子天平称量质量，统计地膜残留量。同时，将残膜按照面积小于 4 cm²、4 ~ 25 cm²、大于 25 cm² 标准分为 3 级，记载每个级别的数量。

三、地膜残留污染现状

（一）地膜残留情况

根据调查数据，贵州农田土壤中地膜残留量分布在 0.84 ~ 276.61 kg/hm²，平均值为 45.90 kg/hm²。变异系数 52.10% ~ 124.94%，地膜残留量变化范围和变异幅度较大，其中以毕节市和安顺市最为明显（表 4-1）。根据《农田地膜残留量限值及测定》（GB/T 25413—2010）规定，待播农田耕作层内地膜残留量限值应不大于 75kg/hm²。调查范围内，贵州地膜残留量大于该限值的调查点有 32 个，占比为 25%。

表 4-1　地膜残留量统计

市（州）	最小值（kg/hm²）	最大值（kg/hm²）	平均值（kg/hm²）	变异系数（%）
贵阳市	4.68	157.36	78.71	74.60
六盘水市	4.27	102.13	42.02	90.24
遵义市	3.02	122.07	41.09	95.18
安顺市	2.41	153.55	41.66	121.05
毕节市	3.01	276.61	69.92	124.94
铜仁市	0.84	40.08	16.37	75.20
黔西南州	20.21	185.75	82.32	72.46
黔东南州	6.72	38.43	20.75	52.10
黔南州	2.45	151.87	51.49	95.53
全省	0.84	276.61	45.90	111.26

根据全国不同地区地膜平均残留量（表 4-2）的比较，调查涉及的地块地膜残留量平均值高于南方平原、四川攀西、河南和山东等地区的地膜残留量。其主要原因可能是贵州属于典型的喀斯特地貌特征，多为山地和丘陵，主要采用人工覆膜和揭膜，地膜回收效率不高，以及调查点数量差异较大等，从而导致地膜残留量相对较高。但明显低于内蒙古和新疆等地区，该区域土壤干旱，气候寒冷，覆膜时间长，又是我国地膜使用量最大、覆膜面积最多的地区之一，因而地膜残留量较高。

表 4-2　不同地区地膜残留量

样地所在地区	样地个数（个）	覆膜年限（年）	作物类型	地膜残留量分布范围（kg/hm²）	平均残留量（kg/hm²）	参考文献
贵州	124	1 ~ 30	蔬菜、烤烟、辣椒等	0.84 ~ 276.61	45.90	调查结果

样地所在地区	样地个数（个）	覆膜年限（年）	作物类型	地膜残留量分布范围（kg/hm²）	平均残留量（kg/hm²）	参考文献
南方平原	67	1～35	草莓、花生、棉花、蔬菜	1.79～72.15	14.28	（蔡金洲等，2013）
四川攀西	12	1～15	烟草、玉米、蔬菜	5.61～30.44	16.27	（黄晶晶等，2012）
河南	60	1～28	蔬菜	18.09～28.55	21.49	（吕宏伟，2020）
山东	30	0～20	蔬菜、花生、马铃薯、棉花、生姜、大蒜等	4.50～107.30	41.78	（刘含饴，2022）
内蒙古	125	1～30	玉米、向日葵	18.20～418.60	131.11	（包明哲等，2023）
新疆	20	15以上	棉花、玉米	116.64～179.88	134.09	（牛瑞坤等，2016）

（二）残膜大小分布特征和破碎程度

残留地膜大小为 4～25 cm² 的数量最多，其次为面积小于 4cm² 和大于 25cm²（表 4-3）。残留地膜面积在 25cm² 以下的调查地块占比 82.8%，残膜面积越小，回收捡拾的难度越大，迁移的能力越强。

表 4-3　残留地膜面积分布统计

残留地膜	面积（cm²）		
	>25	4～25	<4
数量（万片/hm²）	22a	77b	29a
百分比（%）	17.2	60.1	22.7

注：不同小写字母表示差异达显著水平（$P<0.05$），下同

为了标识农田土壤中残留地膜的破碎程度，使用单位质量残膜的数量来表达地膜破碎程度大小，数值越大，地膜的破碎程度越大。从调查结果来看，贵州地膜残留调查点的地膜破碎程度值分布范围为 5.4～93.5 片/g，平均 30.7 片/g。

（三）不同覆膜年限间地膜残留量和数量差异

从不同覆膜年限来看，平均地膜残留量 5 年内的调查点为 63.26 kg/hm²，6～10 年的调查点为 41.36 kg/hm²，11～15 年调查点为 33.74 kg/hm²，16～20 年调查点为 46.30 kg/hm²，大于 20 年调查点为 97.80 kg/hm²。总体上，大于 20 年覆膜年限地块的

平均地膜残留量较其他覆膜年限显著增大（图 4-3）。与此一致，大于 20 年覆膜年限地块的各级别残留地膜和总数量也显著增大。

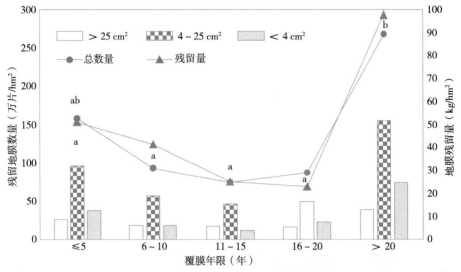

图 4-3　不同覆膜年限间地膜残留量和数量统计

（四）不同覆膜作物间地膜残留量和数量差异

不同覆膜作物土壤中平均地膜残留量烤烟最大，为 66.80 kg/hm²。其次是玉米，达到 63.78 kg/hm²。辣椒为 58.15 kg/hm²，蔬菜为 44.34 kg/hm²，马铃薯为 26.93 kg/hm²，水果（西瓜和百香果）为 18.65 kg/hm²，最少的是中药材（菊花），为 15.42 kg/hm²。种植烤烟、玉米、辣椒和蔬菜的地块地膜残留量显著高于种植马铃薯、水果（西瓜和百香果）和中药材（菊花）的地块（图 4-4）。残留地膜数量最多的是玉米，达到 157 万片 /hm²；最少的是水果，为 71 万片 /hm²。

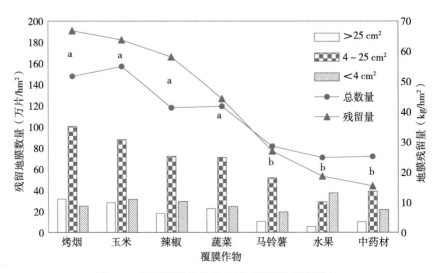

图 4-4　不同覆膜作物间地膜残留量和数量统计

（五）不同土壤类型间地膜残留量和数量差异

不同土壤类型调查地块的地膜残留量不同，三种土壤类型平均残膜量关系为壤土＞黏土＞砂土（图4-5），壤土残膜量显著高于砂土，壤土的残留地膜数量也显著高于黏土和砂土。

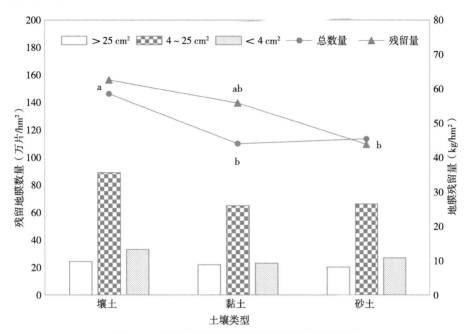

图4-5　不同土壤类型间地膜残留量和数量统计

第二节　地膜残留污染带来的影响

地膜残留形成的残留地膜碎片或地膜微塑料对农村环境和农业生产、土壤性状、水肥运移、土壤生物和作物生长产生影响。同时，残留地膜碎片或地膜微塑料通过迁移或食物链在生命体中累积，给动植物及人类健康带来风险（图4-6）。

一、地膜残留污染对农村环境和农业生产的影响

（一）地膜残留对农村生态环境的影响

目前，贵州对残膜的回收仍以人工捡拾为主要手段，但由于残膜数量较多，以及人工操作难度较大，农户的劳动强度较大，致使其工作效率较低。另外，由于深部残膜难以采用人工拾取，这也在一定程度上造成了残膜的积累。未被及时回收的废旧地膜，被遗弃在田间地头、水渠、林带中，在风力作用下散落在田地、树梢或随风飘动，严重影响农村生态环境和自然景观，造成严重的"视觉污染"（严昌荣等，2015；江晖，2022）。

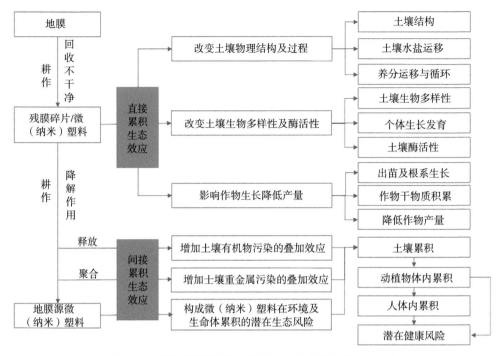

图4-6 地膜残留污染带来的影响（改自张美等，2023）

（二）地膜残留对农事作业的影响

大块的地膜残留在土壤中，耕作时残膜会缠绕在犁齿、播种机轮盘等农业机械上，妨碍农田机械作业（何文清等，2009；李玉环，2023），使地犁得不深，耕地逐年板结，影响农事活动顺利进行。在残膜污染严重的棉田，地膜残片进入播种机压土滚筒后会堵住出土口，导致播种后的天窗眼子盖不上土。另外，大的残膜缠绕压膜轮会导致压膜轮停止转动，引发播下种子和种孔错位。为了避免上述情况发生，一般播种机行走1000 m左右时，就需要停下来对压土滚筒、压膜轮、开沟片和扶片上的残膜进行1次清理，以防止播种孔没有压土，避免残膜缠绕作业机具部件，严重影响播种作业效率和质量（严昌荣等，2015，2021）。

二、地膜残留对土壤性状和水肥运移的影响

（一）地膜残留对土壤理化性状的影响

地膜是一种难降解的高分子聚合物，残留在农田土壤中的地膜对土壤环境会产生一系列的影响，土壤中的残膜易形成"阻隔带"，这对土壤含水量、孔隙度、土壤容重以及土壤质地等物理性质都会产生影响（赵素荣等，1998；邹小阳等，2017）。残膜会对土壤结构产生影响，造成土壤孔隙等物理特性的变化，从而引起土壤渗透性的变化，使得土壤中的胶体物质吸附能力减弱（黄艳等，2022）。残膜对土壤耕作层的影响

最为严重，不仅减少了土壤水分入渗量，降低土壤比热容，使土壤降温加快，削弱土壤抗旱能力；而且残膜会破坏土壤结构，增大地下水下渗难度，引起土壤退化（刘海，2017；高维常等，2020；刘敏等，2021）。另外，土壤中大量存在的残膜可导致土壤与大气之间的气体交换阻力增大，影响土壤空气循环过程（邹小阳等，2017），并对土壤中微生物的正常活动产生影响，降低养分转化率，影响施入土壤的有机养分的分解和释放（蒋金凤等，2014），使得土壤肥力降低（白云龙等，2015；李洋等，2016；刘富饶，2022）。

同时，残膜影响土壤化学性状，导致土壤肥力下降（张丹等，2017），特别是有机质、全氮、全磷和全钾下降趋势明显（刘海，2017；刘敏等，2021）。董合干等（2013）研究新疆棉田残膜时发现，残膜使土壤 pH 值显著上升，有机质、碱解氮、速效磷和速效钾显著下降，在 2000 kg/hm^2 残膜密度下，碱解氮和有效磷分别下降了 55.0% 和 60.3%。张丹等（2017）设置了不同残膜量的大田试验，通过五年的试验发现，随着土壤残膜量水平的逐渐提高，土壤有机质、全氮、硝态氮和土壤中有效磷含量显著减少。也有研究表明，随着土壤中残膜量的增加，长期残膜作用下会降低土壤有机质、全氮、硝态氮、铵态氮和 Olsen-P 含量（唐文雪等，2022）。

（二）地膜残留对土壤水肥运移的影响

地膜具有韧性和延展性，残留于土壤中，其分布的随机性会影响水分在土壤中的正常运移与分布（高维常等，2020）。邹小阳等（2017）研究表明，随着残膜量的增加，残膜的阻滞系数也随之增大，因此，残膜会在土壤中形成"隔离层"，形成一个土壤水分非连续迁移的新通道，导致其垂向和水平方向的渗透能力下降。残膜阻碍土壤水分的垂直入渗和水平运移的机理一致，因隔离层的形成，破坏了土壤质地均匀性和土体构型，改变残膜与土壤交界面土水势，减少了土壤中大孔隙数量，降低土壤过水能力，导致残膜对土壤水分水平运动的阻滞作用逐渐增强。残留地膜在土壤耕作层和表层将阻碍土壤毛管水和自然水的渗透，进而影响土壤水分分布。随着残膜量的增加，作物生育期内 0 ~ 50 cm 土壤平均含水率逐渐降低，各土层出现不同程度的水分亏缺，并产生水分优势流或水分阻隔效益（林涛等，2019）。

残膜和微塑料在农田中积累，改变水分的运移能力的同时，也会影响养分的运输和分布（张金瑞等，2022）。当土壤中地膜残留积累到一定量后，会影响土壤的通透性，使其土壤肥力水平下降（周瑾伟，2017；刘海，2017），地膜残片的数量、形状、大小对土壤水分和养分迁移的作用都有很大的影响（董合干等，2013；唐文雪等，2017）。在滴灌情况下，单位时间内随地膜残留量的增加湿润锋运移距离、湿润体和土壤饱和导水率均呈减小趋势，而且湿润体还会呈现出不规则的分布，最终影响作物对土壤水肥的利用效率（李仙岳等，2013；郭彦芬等，2016；王亮等，2017）。高维常等（2020）研究表明，随着土壤中残膜量的增加，土壤硝态氮和铵态氮的迁移明显受到阻碍。

三、地膜残留污染对土壤生物的影响

地膜残留污染会影响生物生长发育、改变物种多样性和影响土壤酶活性。首先，残留地膜破坏土壤结构，降低土壤中的空气循环和交换能力，严重影响土壤生物的生理生化过程（Mumtaz et al.，2010），引起组织损伤、生长代谢抑制、氧化应激和免疫反应、神经毒性、高死亡率等不良反应（Wang et al.，2022），影响土壤动物生长发育，甚至影响子代繁殖（Jin et al.，2019；张美等，2023）。其次，残留地膜还会通过改变微生物群落结构，影响土壤生物多样性（Li et al.，2022），随地膜残留量的增加土壤通气性的降低，土壤微生物活性降低（邹小阳等，2017）。最后，残留地膜通过影响微生物群落特性和生理特征，进而影响土壤酶活性（鞠志成等，2021），如降低土壤脲酶、磷酸酶、转化酶等酶的活性。张丹等研究表明，当地膜残留量超过 450 kg/hm² 时，土壤微生物群落丰度、生物量和酶活性显著降低（张丹等，2017）。

四、地膜残留污染对作物生长的影响

（一）地膜残留对农作物生长发育的影响

由于地膜残留对土壤理化性质和微生物的影响，导致地膜残留对种子发芽、出苗率、作物根系和整体植株生长发育都会产生影响（董合干等，2013；唐文雪等，2017；王亮等，2017）。李元桥等（2017）研究发现，苗期玉米株高和叶面积在 90 kg/hm² 残膜梯度下开始显著降低，超过 180 kg/hm² 残膜会对作物根系的生长造成阻碍作用。耿智广等（2019）研究得出，残膜量为 360 ～ 540 kg/hm² 时对玉米和胡麻出苗率的抑制作用最大，残膜量为 720 kg/hm² 时显著降低玉米和胡麻的干物质。课题组研究结果表明，随着残膜量的增加，烤烟根系生长发育明显受到影响，当残膜量增加至 900 kg/hm² 和 1350 kg/hm² 时，根长、根表面积、根体积和根尖数明显减少，并显著低于对照（高维常等，2020）。这主要是因为残膜累积到一定量后，阻碍了烟株根系对水分和养分的吸收，从而制约了根系的生长发育。另外，当土壤中混入残膜，有利于烤烟根系直径的增粗，根系直径最大值出现在残膜量为 900 kg/hm² 时，为 0.96 mm，并与对照和其他处理差异显著，这主要与根系在受到地膜残留胁迫时自身做出相应的调节有关。张美等研究认为，残留地膜影响种子萌发，束缚根系生长，影响土壤养分含量和有效性，降低作物对水分和养分的吸收，影响作物生长发育（张美等，2023；Hu et al.，2020），地膜残留量越大对作物生长发育的抑制作用越显著（Gao et al.，2022）。

（二）地膜残留对农作物产量的影响

地膜残留导致作物生长发育受到胁迫，呈现出生长缓慢、生长势弱和抗旱耐逆等性能下降、生物量降低及产量下降等现象。大量研究结果显示，当土壤中地膜残留量达到一定数量时将会影响作物生长环境和生长发育，进而影响到农作物的产量（严昌

荣等，2015）。解红娥等（2007）研究结果表明，随着残留地膜量的增加，小麦、玉米和棉花的生长发育均受到严重影响，小麦产量降低 0.8% ～ 22.1%，玉米籽粒产量降低 2.1% ～ 27.5%，棉花产量降低 1.0% ～ 7.5%。毕继业等（2008）通过评价模型分析认为当使用地膜覆盖技术 36 年后，地膜覆盖的增产率将小于地膜残留造成的减产率。董合干等（2014）研究表明，当残膜密度为 1000 kg/hm^2 时，棉花产量下降 13.5% ～ 18.1%。辛静静等（2014）研究得出，残膜量大于 240 kg/hm^2 时，对玉米、马铃薯和棉花平均减产率为 16.10%。Zou 等（2017）研究认为，当残膜量大于 80 kg/hm^2，西北地区大棚番茄产量将会急剧下降。随地膜残留量的增加，作物物质交换、水分和养分吸收能力降低，超过一定阈值后会影响作物干物质积累，包括小麦、玉米和棉花等重要粮食与经济作物等产量和质量均发生降低（Koskei et al.，2021；Chen et al.，2022；张美等，2023）。

五、地膜残留对畜禽养殖安全和人体健康的影响

残膜的碎片容易随农作物的秸秆和饲料混在一起，牛、羊等牲畜误食后，会使其肠胃功能失调，肥胖涨势下跌，还会造成消化道阻塞，引起厌食和进食困难，严重时导致牲畜死亡（严昌荣等，2006；丁凡等，2021）。部分农民会把回收后的残膜在田间直接焚烧，并在燃烧过程中产生大量的有毒废气，如氯化氢、二噁英等多种有害气体，对空气造成严重的污染（严昌荣等，2015），乃至对人体健康造成危害。

残留地膜老化、降解成尺寸更小的地膜碎片及微（纳）米塑料，老化与降解过程中向土壤中释放 PAEs 等有机物和重金属。残留地膜老化和降解程度可改变残留地膜碎片及其微（纳）米塑料的环境行为，与土壤环境中的有机污染物和重金属形成复合污染（张美等，2023）。通过迁移增加水体、大气等其他环境污染的风险，在食物链效应下对动植物甚至人体健康产生影响。

第三节　土壤微塑料污染

一、微塑料的定义

塑料制品因其性质稳定而广泛使用，据统计 1950—2015 年间全球塑料制品约为 63 亿 t，但仅有 6% ～ 26% 的塑料被循环利用，未被利用的塑料被填埋至垃圾填埋场或直接废弃在自然环境中，在光、热、机械力等因素影响下常以纤维、碎片、颗粒、薄膜等形态存在于土壤环境中（Nizzetto et al.，2016a；Geyer et al.，2017）。2004年 Thompson 提出了微塑料（microplastics，MPs）这一概念，明确定义粒径小于 5 mm 的微型塑料为微塑料，并在第二届联合国环境大会上，将微塑料污染列为主要的生态环境和科学研究问题，从而在世界范围引起广泛的关注（Thompson，2004；UNEA，

2016）。目前微塑料已在水体、大气、土壤等环境介质中被检测到，因其活性和迁移能力强，可被生物吸收进入体内，微塑料已是土壤中普遍存在的持久性污染物（Su et al.，2016；Yu et al.，2018；Xiong et al.，2018；Alimi et al.，2018；蒲生彦等，2020）。

土壤中微塑料污染导致的危害具有隐蔽性和滞后性，以至于我们对陆地生态系统中的微塑料认识严重不足（Browne.2015；Mahon et al.，2017）。研究发现，土壤生态系统中微塑料的丰度与农业生产的长期投入密切相关，其中地膜因其性能优越，在农业生产中可控制杂草、保水和提高土壤温度而广泛应用，由于机械耕作和自然降解，地膜易在农田中碎裂成小块，从而形成微塑料（Sintim et al.，2019；Sanchez，2020）。微塑料因其性质稳定，在自然环境中难以降解，具有大比表面积、易吸附其他污染物质的特点，且迁移能力强，造成的污染易扩散，近年来受到国内外学者的广泛关注（Auta，et al.，2017；刘亚菲，2018；程万莉等，2020）。

二、农田土壤环境中微塑料的主要来源

农田土壤环境系统中的来源包括塑料薄膜、灌溉活动、塑料制品（除塑料薄膜外的其他塑料制品）、污泥和肥料的施入、大气沉降。农田土壤中微塑料以碎片和薄膜状的聚乙烯（PE）、聚丙烯（PP）材料为主，纤维状微塑料因其来源众多，积累在土壤中的量仅次于薄膜与碎片状微塑料，在农田土壤中也有着较深的影响（严昌荣等，2014；骆永明等，2018）。这些微塑料都对土壤环境产生了不同的影响，从而对整个农业生态系统产生重要影响。

（一）农用塑料薄膜的使用

农用塑料薄膜特别是其中的地膜是农田土壤微塑料的最主要来源。地膜覆盖技术因其增温保墒效果明显，在全国范围内被广泛推广应用，用量高达140.4万t，使用的地膜材料以低密度聚乙烯为主（Gao et al.，2019）。地膜易碎难以回收，在田间堆放残留是产生微塑料污染的主要原因。据调查，我国地膜回收率低，残留量为 $50 \sim 260$ kg/hm^2，是土壤环境中微塑料的主要来源（Liu et al.，2014），其碎片形态见图4-7。不同地区间存在明显差异，东北地区土壤中微塑料含量为 $0 \sim 800$ 颗/kg（Zhang et al.，2020），华东地区含量为 $8 \sim 2760$ 颗/kg（Liu et al.，2018；Zhou et al.，2020），西北地区含量为 $31 \sim 4960$ 颗/kg（Huang et al.，2020；Ding et al.，2020），而西南和华中地区微塑料含量分别高达 $900 \sim 42960$ 颗/kg 和 $320 \sim 620000$ 颗/kg（Zhang et al.，2018；Chen et al.，2020）。根据地膜污染调查结果，我国西北地区地膜投入量最大，地膜残留量远远高于西南和华中地区，但这与土壤中微塑料的含量呈相反的分布规律（严昌荣等，2014），表明西南和华中地区耕作方式和气候条件更利于微塑料的形成。

图 4-7　聚乙烯地膜源微塑料碎片形态

（二）塑料制品的使用

农业活动中其他塑料制品是微塑料进入土壤环境的途径之一。由固体废弃物产生的微塑料成分复杂、种类繁多，常见种类有聚对苯二甲酸乙二醇酯（PET）、聚乙烯（PE）、聚氯乙烯（PVC）、聚丙烯（PP）、聚苯乙烯（PS）、聚碳酸酯（PC）等（李鹏飞等，2021）。农药、化肥的塑料包装垃圾散落在田间，这些塑料经过光照、高温、磨损，碎裂降解成更小的微塑料颗粒。中国每年废弃的农药包装多达 1×10^{10} 个，化肥包装达 15 万 t。除此之外一些土壤还易受其他特殊污染源的影响，如医疗、电子行业中广泛应用的纳米材料（水性涂料、黏合剂等），清洁产品中的微珠等，如广东电子废物污染的农田其微塑料含量也明显高于周围土壤（占义如等，2017；骆永明等，2018；柴炳文等，2021）。

（三）污泥和肥料的施入

污泥和肥料的施入在土壤微塑料的来源中也有着较强的贡献。因污泥中含有大量植物所需养分和微量元素，一般被直接或堆肥处理后施入土壤，而污泥制成的肥料富集了生活污水中 90% 的微塑料（Fu et al., 2019）。调查表明，污水处理厂污泥中微塑料含量为 1600 ～ 56000 颗 /kg，每年通过污泥途径进入农田土壤的微塑料高达 52.4 ～ 26400 t（Li et al., 2018；Van den Berg et al., 2020）。农业生产中有机肥料使用量逐年增加，而有机肥料的原材料农作物秸秆、畜禽粪便等在回收过程中易混入塑料废弃物，资源化过程中易产生微塑料（周静等，2017）。相关的研究表明，堆肥产品中塑料类物质含量达 2.38 ～ 80 mg/kg，微塑料含量为 895 颗 /kg，每年随有机肥料加入土壤的微塑料为 1.56×10^{14} 个（Weithmann et al., 2018）。

（四）灌溉活动

灌溉活动也是农田土壤微塑料的重要来源。淡水系统、污水及污水处理体系与农业生产灌溉活动紧密相关，这一类微塑料主要来源于衣服的合成纤维，个人护理产品中的微珠等。当降水不足或无法满足植物生长需求时，灌溉或引入未处理的污水，则将该部分微塑料输送至农田土壤中。未处理的污水中微塑料含量可达 1000 ~ 627000 颗 /m³（Piehl et al.，2018），包括长江流域、珠江流域以及太湖均已检出大量微塑料，其含量分别为 5.50×10^4 ~ 3.42×10^7 个 /km²、8.9×10^3 ~ 1.98×10^4 个 /km²、1.00×10^5 ~ 6.8×10^6 个 /km²（Su et al.，2018；Xiong et al.，2019；Lin et al.，2018；Yan et al.，2019）。有研究表明，高流量的洪水可以将来自多个来源（如生活和工业废弃物、道路交通扬尘和工业生产材料）的更多微塑料输送到农田土壤中，从而加剧微塑料在农田中的积累（Yu et al.，2021）。

（五）大气沉降

大气沉降也在一定程度上影响农田微塑料丰度。相关研究表明，大气中微塑料沉降通量高达 1.46×10^5 个 /（m²·年），主要成分有聚酰胺（PA）、聚丙烯（PP）、聚对苯二甲酸乙二醇酯（PET）、聚乙烯（PE）、聚氨酯（PUR）等。大气中的微塑料主要是汽车轮胎等塑料制品磨损产生的颗粒（周倩等，2017；杨光蓉等，2021；Mbachu et al.，2020），这些颗粒在干湿沉降作用下进入临路农田土壤中。此外，未处置妥当的生活垃圾风化后的颗粒也会迁移至农田土壤中。

三、微塑料对土壤环境生态效应的影响

微塑料作为一种新型的环境污染物，其生态效应及其潜在的健康风险一直备受关注。web of science 数据库以"soil and microplastic*"为主题词进行检索，对文献关键词进行聚类分析（图 4-8）。土壤环境中的微塑料研究热点主要体现在毒性（toxicity）、吸附和解析（adsorption and desorption）、土壤环境（soil environment）和微生物（microorganism）等方面的研究。

（一）微塑料对土壤生物的影响

微塑料可以为微生物提供吸附位点，使其长期吸附在微塑料表面，影响土壤微生物的生态功能（Zettler et al.，2013）。Wang 等（2020）研究发现微塑料会显著降低荧光素二乙酸酯酶（FDAse），土壤微生物代谢活力下降，细菌群落演替差异越来越大。相关的研究也表明，微塑料不仅改变土壤微生物群落的多样性和丰富度，而且对微生物具有选择作用（Ren et al.，2020）。

微塑料体积微小，能够被土壤动物摄食（Lwanga et al.，2017）。大量研究表明，蚯蚓、蜗牛、白符跳摄食微塑料后均出现肠道损伤，微生物菌群变化，消化系统出现功能性紊乱（Zhu et al.，2018；Ju et al.，2019）。微塑料达到一定浓度后会抑制土壤动物生长，生物量下降，甚至造成死亡（Lwanga et al.，2016；Cao et al.，2017）。暴露在微塑料环境中的土壤动物会产生氧化应激反应、DNA 损伤、繁殖率降低等自身响应（Lahive et al.，2019；Prendergast-Miller et al.，2019；Wang et al.，2019；Jiang et al.，2020）。

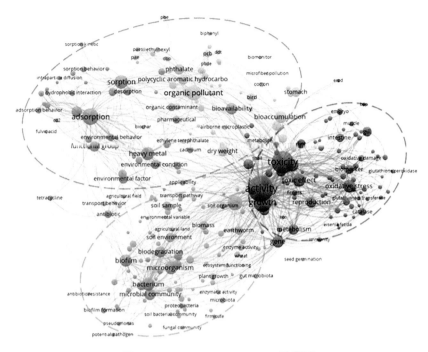

图 4-8　soil and microplastic* 聚类图

（二）微塑料对污染物质的吸附和解吸

微塑料与土壤中其他组分的相互作用，对土壤中重金属和多环芳烃、多氯联苯、农药、抗生素等有机污染物的吸附能力显著增强（Nizzetto et al.，2016b；Horton et al.，2017）。微塑料因其有巨大的比表面积，为其他污染物提供吸附位点，成为污染物扩散的载体。Abbas 等（2020）发现 PET 颗粒可以将镉、铅、锌三种重金属迁移至植物根际并解析，Frias 等（2010）在沙滩的 PE、PS、PP 和纤维中检测到高浓度的持久性有机污染物（PCBs、PAHs、OCPs）。Ma 等（2020）研究发现，微塑料可以与四环素类抗生素形成复合物，影响周围微生物群落。同时，微塑料中添加剂和聚合物极易释放在周围环境，常用塑化剂邻苯二甲酸酯、双酚 A、阻燃剂多溴联苯醚和用于着色的金属物质许多都是有毒或内分泌干扰物，可以理解为微塑料以污染源的形式在土壤环境中存在（Lithner et al.，2009）。

（三）微塑料对土壤环境的影响

农用地膜在紫外线辐射和生物降解等的作用下，土壤中残留的地膜会逐渐破碎化形成塑料残渣，有的甚至转变为微米级或纳米级的塑料颗粒（Steinmetz et al.，2016，王志超等，2020）。大量的研究也表明，长期覆膜农田土壤微塑料数量大，覆膜时间越长颗粒变小丰度增加，土壤潜在污染加重（Ramos et al.，2015，Huang et al.，2020，程万莉等，2020），对农业环境的健康可持续发展构成了巨大的威胁。我国地膜存在应用范围广、强度大和回收率低的特点，地膜残留物分解是耕地土壤及周边环境中微塑料的重要来源。

微塑料进入土壤后，粒径逐渐变小，比表面积增大，积累到一定程度则会影响土壤性质、功能及生物多样性（Rillig et al.，2017）。具体表现为：①影响土壤容重、水力特征以及团聚体的变化。塑料的密度比土壤颗粒低，微塑料进入土壤会造成土壤容重降低，研究表明72%微塑料参与土壤团聚体形成（Nizzetto et al.，2016c）；②影响土壤孔隙度和土壤保水能力，大量研究表明，聚乙烯颗粒可以显著提高土壤水分蒸发率，造成土壤结构破坏（Machado et al.，2018；Wan et al.，2019；Khalid et al.，2020）；③影响土壤pH值、电导率、有机质及养分，但影响程度和机制仍需进一步研究。

（四）微塑料的迁移及富集

迁移富集能力随着粒径的变小而极大增强，微塑料颗粒可以通过土壤–植物系统进入农作物，继而通过食物链富集影响人体健康。研究表明：3μm的聚乙烯可以富集在玉米根部（Urbina et al.，2020），小于1μm的聚苯乙烯颗粒能富集在绿豆叶片、蚕豆和拟南芥的根部（Jiang et al.，2019；孙晓东，2019；Chae and An，2020），而0.2μm微塑料颗粒则在小麦的根茎叶三部分和生菜的根、叶部分均可检测到（Li et al.，2020；李瑞杰等，2020）。

另外，微塑料还会影响植物生长，如降低种子萌发率和植物生物量，阻断植物营养物质运输，改变作物农艺形状（Bosker et al.，2019；Giorgetti et al.，2020；Qi et al.，2020；Wang et al.，2020）。微塑料会抑制光合作用，妨碍植物叶片色素合成，同时也观察到植物出现氧化损伤，产生遗传毒性（廖苑辰等，2019；Meng et al.，2021）。Zhang等（2022）通过水培试验研究对烟草生长的胁迫及生理特性的影响，聚乙烯（LLDPE，13μm粒径）微塑料对烟株生长存在抑制作用，其中高浓度微塑料对根系构型、生长特征具有显著抑制作用，对叶绿素含量无显著影响。随着微塑料浓度的增加，烟株叶片丙二醛（MDA）含量升高，超氧化物歧化酶（SOD）活性增大，但过氧化氢酶（CAT）和过氧化物酶（POD）活性没有明显变化规律。

四、贵州覆膜耕地土壤微塑料赋存特征及其影响因素

对贵州主要覆膜类型区代表性覆膜作物（蔬菜、辣椒、烤烟、马铃薯等）开展调查，涉及贵州省9个市（州）10个县（市、区）20个调查点，具体信息见表4-4。

表4-4 农田调查点信息

调查点	编号	覆膜年限（年）	种植作物	土壤质地	灌溉方式
黔南州贵定县	GD1	16	蔬菜	黏土	喷灌
	GD2	9	烤烟	壤土	无灌溉
六盘水市盘州市	PZ1	10	辣椒	壤土	无灌溉

续表

调查点	编号	覆膜年限（年）	种植作物	土壤质地	灌溉方式
黔东南州黄平县	PZ2	6	烤烟	黏土	无灌溉
	HP1	2	辣椒	壤土	无灌溉
	HP2	2	辣椒	壤土	沟灌
遵义市播州区	BZ1	6	烤烟	壤土	无灌溉
	BZ2	10	辣椒、蔬菜	壤土	无灌溉
黔西南州兴义市	XY1	10	烤烟	壤土	滴灌
	XY2	4	辣椒、蔬菜	砂土	喷灌
贵阳市开阳县	KY1	21	烤烟	壤土	无灌溉
	KY2	11	蔬菜	壤土	沟灌
毕节市威宁县	WN1	15	蔬菜	黏土	无灌溉
	WN2	15	蔬菜	黏土	无灌溉
毕节市七星关区	QXG1	13	烤烟	壤土	无灌溉
	QXG2	29	马铃薯	壤土	无灌溉
铜仁市石阡县	SQ1	20	烤烟、蔬菜	砂土	无灌溉
	SQ2	2	蔬菜	壤土	无灌溉
安顺市平坝区	PB1	8	烤烟	壤土	喷灌
	PB2	1	辣椒	砂土	无灌溉

注：编号对应的市（州）第一次出现解释。

（一）覆膜耕地土壤的微塑料丰度

根据调查结果，贵州覆膜耕地土壤中微塑料的含量范围在 143 ～ 3283 颗 /kg，平均值为（1150±647）颗 /kg，最大值和最小值分别是 QXG 和 GD 调查点。平均含量最大的 QXG 为（1835±973）颗 /kg；其次是 PB，为（1622±776）颗 /kg；平均含量最小的 GD 为（469±437）颗 /kg。从不同地区微塑料含量的差异性图来看（图 4-9），20个调查点中均发现微塑料的存在，这表明微塑料已在农田土壤中广泛分布。与其他地区相比，贵州覆膜耕地土壤中微塑料含量和陕西农业土壤中的含量（1430 ～ 3410 颗 /kg）相当，但远低于云南种植区（7100 ～ 42960 颗 /kg）和湖北农业用地（$1.6×10^5$ 颗 /kg），却又高于江苏（420 ～ 1290 颗 /kg）和浙江农业用地（平均 571 颗 /kg）（Zhang et al., 2018；Li et al., 2019；Zhou et al., 2019；Ding et al., 2020）。

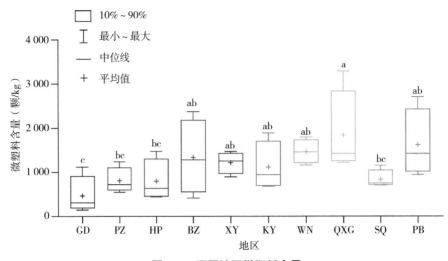

图 4-9　不同地区微塑料含量

（上标不同小写字母表示差异显著，$P<0.05$）

（二）覆膜耕地土壤微塑料含量的影响因素

贵州不同覆膜农田土壤中微塑料的赋存特征如图 4-10 所示。覆膜耕地微塑料的含量受覆膜年限影响，覆膜年限为 1～6 年时，微塑料含量在 143～1325 颗/kg；覆膜年限为 7～11 年时，微塑料含量在 704～2376 颗/kg；覆膜年限为 12～16 年时，微塑料含量在 895～2706 颗/kg；覆膜年限为 17～21 年时，微塑料含量在 740～3283 颗/kg；覆膜年限为 22～30 年时，微塑料含量在 149～1890 颗/kg。微塑料平均含量最高的覆膜年限是 17～21 年，为（1693±1107）颗/kg；其次是 22～30 年，为（1625±257）颗/kg。平均含量最低的覆膜年限是 1～6 年，为（608±356）颗/kg；其次是 7～11 年，为（1168±477）颗/kg。将覆膜年限与微塑料含量进行线性拟合，两者呈正相关且极其显著关系（$P<0.001$），线性回归方程为 $y=49.806x+657.528$，$R^2=0.542$。

整体来说，微塑料含量随着覆膜时间的延长而显著增加。覆膜 5 年的土壤微塑料含量为 80 颗/kg，覆膜 15 年和 24 年，微塑料含量分别增加到 308 颗/kg 和 1076 颗/kg，表明地膜的使用会导致土壤中大量微塑料存在（Huang et al., 2020；Zhang and Liu, 2018；Zhou et al., 2020；Yu et al., 2021；Wang et al., 2021）。因此，地膜覆盖技术作为提高农业产量主要农艺栽培措施的同时，也带来了土壤中微塑料含量的增加。

种植作物的不同，覆膜耕地土壤中微塑料的含量也不同。种植蔬菜的土壤，微塑料含量在 549～2706 颗/kg；种植辣椒的土壤，微塑料含量在 143～2376 颗/kg；种植烤烟的土壤，微塑料含量在 418～3284 颗/kg；种植马铃薯的土壤，微塑料含量在 1158～1791 颗/kg。微塑料平均含量最高的种植作物是马铃薯，为（1463±275）颗/kg；其次是蔬菜，为（1304±585）颗/kg。微塑料平均含量最低的种植作物是烤烟，为

（1054±646）颗/kg。本研究中种植马铃薯的土壤微塑料含量最高，可能的原因是马铃薯在收获过程中使用农机，残留的大块地膜破碎成小块地膜，加速了微塑料的形成，同时残膜以及微塑料将随着土壤的翻动迁移至更深的土壤中，说明耕作方式在一定程度上影响着微塑料在土壤中的残留与分布。

灌溉方式也影响着覆膜耕地土壤中微塑料的含量，但并不显著。灌溉方式为喷灌，土壤中微塑料含量在 334～1890 颗/kg；灌溉方式为沟灌，土壤中微塑料含量在 1438～1469 颗/kg；灌溉方式为滴灌，土壤中微塑料含量在 442～2706 颗/kg；无灌溉时，土壤中微塑料含量在 418～3283 颗/kg。微塑料平均含量最高的是无灌溉的土壤，为（1247±609）颗/kg，其次是滴灌，为（1104±752）颗/kg。平均含量最低的是沟灌，为（812±693）颗/kg；其次是喷灌，为（1027±666）颗/kg。

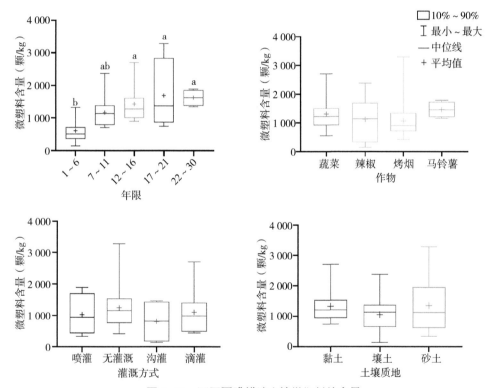

图 4-10 不同覆膜耕地土壤微塑料的含量

不同质地的土壤表现出的微塑料含量也不同。土壤质地为黏土、壤土、砂土时，微塑料含量分别为 740～2706 颗/kg、143～2376 颗/kg、334～3283 颗/kg，平均值分别为（1348±1054）颗/kg、（1327±619）颗/kg、（1051±544）颗/kg。Yu 等（2021）研究表明砂土中微塑料高于粉质壤土和壤土，这与本研究结果一致（Yu et al., 2021）。砂土颗粒大、形成更大的孔隙，黏土和壤土颗粒小、孔隙小，产生的淋溶过程不同，这些因素共同影响微塑料的输送和积累（Blasing and Amelung, 2018; Li et al., 2020）。Scheurer 和 Bigalke（2018）研究发现微塑料丰度与土壤质地没有显著相关性，这可能是因为微塑料在土壤中的积累受到多种因素以及不同地区环境变化的影响，如农业塑料废弃物、土壤改良剂和灌溉等来源（Scheurer and Bigalke, 2018）。Huang 等（2021）研究表明土壤理化性质与微塑料含量无明显变化规律和相关性，不是影响微塑性丰度的关键因素（Huang et al., 2021）。综合来看，土壤质地及理化性质对微塑料丰度、迁移和转化的影响还有待进一步研究。

（三）覆膜耕地土壤微塑料污染程度评价

地膜是农田土壤微塑料的主要来源，其丰度主要受到覆膜年限、土壤耕作强度、地膜质量和气候环境等综合因素的影响（周倩等，2016；王志超等，2020）。宋佃星等（2021）对宝鸡地区典型农田土壤中微塑料赋存特征研究结果显示，其丰度范围为1974 ～ 3656 颗 /kg，其中薄膜源微塑料占到 70.6% ～ 85.7%。西北覆膜农田土壤微塑料的检测结果也显示，其丰度平均值在 5000 颗 /kg 左右，高于未覆膜农田土壤（程万莉等，2020）。通过对自然土壤及农田周边土壤微塑料的检测结果对比，覆膜农田的微塑料丰度均远高于这些区域未覆膜土壤的微塑料含量（Nor et al., 2014；Scheurer and Bigalke，2018；刘旭，2019）。根据相关文献报道，对国内外覆膜农田土壤中微塑料的丰度进行统计如表 4-5 所示。

表 4-5　覆膜农田土壤中微塑料的丰度比较

研究区域	土地利用方式	丰度 /（颗 /kg）	分离方法	参考文献
贵州	烟田	143 ～ 3283	浮选（水）+ 静电吸附	本研究
内蒙古河套灌区	农田	2526 ～ 6070	密度浮选（NaCl）	王志超等，2020
甘肃和陕北	农田	580 ～ 11890	浮选（水）	程万莉等，2020
云南滇池	蔬菜地	7100 ～ 42960	密度浮选（NaI）	Ding et al., 2020
浙江嘉兴	农田	571	密度浮选（NaCl/NaI）	Zhou et al., 2020
墨西哥	菜地	870 ～ 2800	浮选（水）	NG et al., 2018

参考文献

白云龙，李晓龙，张胜，等，2015. 内蒙古地膜残留污染现状及残膜回收利用对策研究 [J]. 中国土壤与肥料，6:139-145.

包明哲，红梅，赵巴音那木拉，等，2023. 内蒙古河套灌区农田地膜残留量分布特征及影响因素 [J]. 农业资源与环境学报，40(1):45-54.

毕继业，王秀芬，朱道林，2008. 地膜覆盖对农作物产量的影响 [J]. 农业工程学报，24(11):172-175.

蔡金洲，张富林，范先鹏，等，2013. 南方平原地区地膜使用与残留现状调查分析 [J]. 农业资源与环境学报，30(5):23-30.

柴炳文,尹华,魏强,等,2021.电子废物拆解区微塑料与周围土壤环境之间的关系[J].环境科学, 42(3):1073–1080.

程万莉,樊廷录,王淑英,等,2020.我国西北覆膜农田土壤微塑料数量及分布特征[J].农业环境科 学学报,39(11):2561–2568.

丁凡,李诗彤,王展,等,2021.塑料和可降解地膜的残留与降解及对土壤健康的影响:进展与思考 [J].湖南生态科学学报,8(3):83–89.

董合干,刘彤,李勇冠,等,2013.新疆棉田地膜残留对棉花产量及土装理化性质的影响[J].农业工 程学报,29(8):91–99.

高维常,蔡凯,曾陨涛,等,2020.农用地膜残留对土壤氮素运移及烤烟根系生长的影响[J].土壤学 报,57(6):1556–1563.

耿智广,宋亚丽,林子君,等,2019.地膜残留量对玉米和胡麻生长发育的影响[J].甘肃农业科技 (1):48–51.

郭彦芬,李生勇,霍轶珍,2016.不同残膜量对春玉米生产性状及土壤水分的影响[J].节水灌溉, 4:47–49.

何文清,严昌荣,赵彩霞,等,2009.我国地膜应用污染现状及其防治途径研究[J].农业环境科学学 报,28(3):533–538.

黄晶晶,庞良玉,罗春燕,等,2012.四川攀西地区地膜残留量及影响因素[J].西南农业学报, 25(6):2203–2206.

黄艳,符瑞蕾,张志乾,等,2022.地膜残留对土壤养分和酶活性的影响[J].海南大学学报(自然科 学版),2(40):151–157.

江晖,2023.南疆农田地膜残留污染评价及影响因素分析[D].乌鲁木齐:新疆农业大学.

蒋金凤,温圣贤,江玉萍,2014.农用残膜对土壤理化性质和作物产量影响的研究[J].蔬菜 (2):25–27.

解红娥,李永山,杨淑巧,等,2007.农田残膜对土壤环境及作物生长发育的影响研究[J].农业环境 科学学报,26(B03):153–156.

鞠志成,金德才,邓晔,2021.土壤中塑料与微生物的相互作用及其生态效应[J].中国环境科学, 41(5):2352–2361.

李亮亮,代良羽,高维常,等,2022.贵州省典型覆膜耕地残膜赋存特征及影响因素[J].生态环境学 报,31(11):2189–2197.

李鹏飞,侯德义,王刘炜,等,2021.农田中的(微)塑料污染:来源、迁移、环境生态效应及防治措 施[J].土壤学报,58(2):314–330.

李瑞杰,李连祯,张云超,等,2020.禾本科作物小麦能吸收和积累聚苯乙烯塑料微球[J].科学通 报,65(20):2120–2127.

李仙岳,史海滨,吕烨,等,2013.土壤中不同残膜量对滴灌入渗的影响及不确定性分析[J].农业工 程学报,29(8):84–90.

李洋,计崇荣,王黛堂,等,2016.铜川耀州区残留地膜对农田土壤中放线菌的影响[J].能源与环境, 5:49–50.

李玉环, 2023. 不同残膜量对棉田土壤化学性质及作物生长的影响 [D]. 石河子: 石河子大学.

李元桥, 何文清, 严昌荣, 等, 2017. 残留地膜对棉花和玉米苗期根系形态和生理特性的影响 [J]. 农业资源与环境学报, 2(34):108–114.

廖苑辰, 娜孜依古丽·加合甫别克, 李梅, 等, 2019. 微塑料对小麦生长及生理生化特性的影响 [J]. 环境科学, 40(10):4661–4667.

林涛, 汤秋香, 郝卫平, 等, 2019. 地膜残留量对棉田土壤水分分布及棉花根系构型的影响 [J]. 农业工程学报, 19(35):117–125.

刘海, 2017. 地膜残留量对玉米及土壤理化性质的影响 [J]. 甘肃农业科技, 2:53–56.

刘含饴, 2023. 山东省地膜残留及回收影响因素研究 [D]. 泰安: 山东农业大学.

刘敏, 孙霞, 苏伟, 等, 2021. 地膜残留对土壤和作物的影响及防控措施 [J]. 天津农业科学, 8(27):69–71.

刘旭, 2019. 典型黑土区耕地土壤微塑料空间分布特征 [D]. 哈尔滨: 东北农业大学.

刘亚菲, 2018. 滇池湖滨农田土壤中微塑料数量及分布研究 [D]. 昆明: 云南大学.

吕宏伟, 骆晓声, 寇长林, 等, 2020. 河南省菜田地膜残留现状调查与治理对策 [J]. 长江蔬菜 (22):70–73.

骆永明, 周倩, 章海波, 等, 2018. 重视土壤中微塑料污染研究防范生态与食物链风险 [J]. 中国科学院院刊, 10(33):1021–1030.

牛瑞坤, 王旭峰, 胡灿, 等, 2016. 新疆阿克苏地区棉田残膜污染现状分析 [J]. 新疆农业科学, 53(2):283–288.

蒲生彦, 张颖, 吕雪, 2020. 微塑料在土壤 – 地下水中的环境行为及其生态毒性研究进展 [J]. 生态毒理学报, 15(1):44–55.

宋佃星, 马莉, 王全九, 2021. 宝鸡地区典型农田土壤中微塑料赋存特征及其环境效应研究 [J]. 干旱区资源与环境, 35(2):170–175.

孙晓东, 2019. 不同电荷纳米塑料在拟南芥体内的毒性、吸收和积累 [D]. 济南: 山东大学.

唐文雪, 马忠明, 魏焘, 2017. 多年采用不同捡拾方式对地膜残留系数及玉米产量的影响 [J]. 农业资源与环境学报, 34(2):102–107.

唐文雪, 马忠明, 魏焘, 等, 2022. 地膜残留量对河西绿洲灌区玉米田土壤理化性状的影响 [J]. 甘肃农业科技, 53(6):82–87.

王亮, 林涛, 田立文, 等, 2017. 残膜对棉田耗水特性及干物质积累与分配的影响 [J]. 农业环境科学学报, 36(3):547–556.

王志超, 孟青, 于玲红, 等, 2020. 内蒙古河套灌区农田土壤中微塑料的赋存特征 [J]. 农业工程学报, 36(3):204–209.

谢建华, 侯书林, 付宇, 等, 2013. 残膜回收机弹齿式拾膜机构运动分析与试验 [J]. 农业机械学报, 44(S1):94–99.

辛静静, 史海滨, 李仙岳, 等, 2014. 残留地膜对玉米生长发育和产量影响研究 [J]. 灌溉排水学报,

3(33):52–54.

严昌荣,何文清,刘爽,等,2015.中国地膜覆盖及残留污染防控 [M].北京:科学出版社.

严昌荣,刘恩科,舒帆,等,2014.我国地膜覆盖和残留污染特点与防控技术 [J].农业资源与环境学报,31(2):95–102.

严昌荣,刘勤,何文清,等,2021.我国农田地膜残留污染的解决之道在哪儿 [J].中国农业综合开发(10):18–21.

严昌荣,梅旭荣,何文清,等,2006.农用地膜残留污染的现状与防治 [J].农业工程学报,22(11):269–272.

杨光蓉,陈历睿,林敦梅,2021.土壤微塑料污染现状、来源、环境命运及生态效应 [J].中国环境科学,1(41):353–365.

于显枫,赵记军,马明生,2021.不同厚度地膜对废旧地膜残留、回收影响及其使用选择概述 [J].农学学报,11(1):32–36.

占义如,陈阳,许婉婷,等,2017.我国农药包装材料废弃物污染现状及循环利用对策初探 [J].再生资源与循环经济,7(10):17–21.

张丹,刘宏斌,马忠明,等,2017.残膜对农田土壤养分含量及微生物特征的影响 [J].中国农业科学,50(2):310–319.

张金瑞,任思洋,戴吉照,等,2022.地膜对农业生产的影响及其污染控制 [J].中国农业科学,55(20):3983–3996.

张美,刘金铜,付同刚,等,2023.农田残留地膜累积生态效应研究进展 [J].生态毒理学报,18(3):223–237.

赵少婷,韩艳妮,2021.废旧农膜回收利用的实践与对策研究 [J].中国农技推广,37(1):25–28.

赵素荣,张书荣,徐霞,等,1998.农膜残留污染研究 [J].农业环境与发展,15(3):7–10.

周瑾伟,2017.地膜残留对马铃薯产量和土壤理化性质的影响 [J].农艺农技,4:89–91.

周静,胡芹远,章力干,等,2017.从供给侧改革思考我国肥料和土壤调理剂产业现状、问题与发展对策 [J].中国科学院院刊,10(32):1103–1110.

周倩,田崇国,骆永明,2017.滨海城市大气环境中发现多种微塑料及其沉降通量差异 [J].科学通报,33(62):3902–3909.

周倩,章海波,周阳,等,2016.滨海潮滩土壤中微塑料的分离及其表面微观特征 [J].科学通报,61(14):1604–1611.

邹小阳,牛文全,刘晶晶,等,2017.残膜对土壤和作物的潜在风险研究进展 [J].灌溉排水学报,36(7):47–54.

ABBAS I S, MOORE F, KESHAVARZI B, et al., 2020. PET-microplastics as a vector for heavy metals in a simulated plant rhizosphere zone [J]. Science of the Total Environment, 744: 140984.

ALOMI O S, FARNER B J, HERNANDEZ L M, et al., 2018. Microplastics and Nano plastics in Aquatic Environments: Aggregation, Deposition, and Enhanced Contaminant Transport [J]. Environmental Science & Technology, 52: 1704–1724.

AUTA H S, EMENIKE C U, FAUZIAH S H, 2017. Distribution and importance of microplastics in the marine environment: A review of the sources, fate, effects, and potential solutions [J]. Environment International, 102: 165–176.

BLASING M, AMELUNG W, 2018. Plastics in soil: Analytical methods and possible sources [J]. Science of the Total Environment, 612: 422–435.

BOSKER T, BOUWMAN L J, BRUN N R, et al., 2019. Microplastics accumulate on pores in seed capsule and delay germination and root growth of the terrestrial vascular plant Lepidium sativum [J]. Chemosphere, 226: 774–781.

BROWNE M A, 2015. Sources and pathways of microplastics to habitats[J]. Marine anthropogenic litter: 229–244.

CAO D, WANG X, LUO X, et al., 2017. Effects of polystyrene microplastics on the fitness of earthworms in an agricultural soil [C]. IOP conference series: earth and environmental science, 16(1): 012148.

CHAE Y, AN Y J, 2020. Nanoplastic ingestion induces behavioral disorders in terrestrial snails: trophic transfer effects via vascular plants[J]. Environmental Science: Nano, 7(3): 975–983.

CHEN P P, GU X B, LI Y N, et al., 2022. Effects of residual film on maize root distribution, yield and water use efficiency in Northwest China [J]. Agricultural Water Management, 260: 107289.

CHEN Y L, LENG Y F, LIU X N, et al., 2020. Microplastic pollution in vegetable farmlands of suburb Wuhan, central China [J]. Environmental Pollution, 257: 113449.

DING L, ZHANG S Y, WANG X Y, et al., 2020. The occurrence and distribution characteristics of microplastics in the agricultural soils of Shaanxi Province, in north-western China [J]. Science of the Total Environment, 720: 137525.

FRIAS J, SOBRAL P, FERREIRA A M, 2010. Organic pollutants in microplastics from two beaches of the Portuguese coast [J]. Marine Pollution Bulletin, 60(11): 1988–1992.

FU Z L, WANG J, 2019. Current practices and future perspectives of microplastic pollution in freshwater ecosystems in China [J]. Science of the Total Environment, 691: 697–712.

GAO H H, LIU Q, YAN C R, et al., 2022. Macro-and/or microplastics as an emerging threat effect crop growth and soil health [J]. Resources, Conservation & Recycling, 186: 106549.

GAO H H, YAN C R, LIU Q, et al., 2019. Effects of plastic mulching and plastic residue on agricultural production: A meta-analysis [J]. Science of the Total Environment, 651: 484–492.

GEYER R, JAMBECK J R, LAW K L, 2017. Production, use, and fate of all plastics ever made[J]. Science advances, 3(7): e1700782.

GIORGETTI L, SPANÒ C, MUCCIFORA S, et al., 2020. Exploring the interaction between polystyrene nanoplastics and Allium cepa during germination: Internalization in root cells, induction of toxicity and oxidative stress[J]. Plant Physiology and Biochemistry, 149: 170–177.

HE H J, WANG Z H, GUO L, et al., 2018. Distribution characteristics of residual film over a cotton field under long-term film mulching and drip irrigation in an oasis agroecosyste[J]. Soil and Tillage Research, 180(1): 194–203.

HORTON A , SVEEDSEN C, WILLAMS R J, et al., 2017. Large microplastic particles in sediments of tributaries of the River Thames, UK–Abundance, sources and methods for effective quantification [J]. Marine Pollution Bulletin, 114: 218–226.

HU Q, LI X Y, GONCALVES J M, et al., 2020.Effects of residual plastic–film mulch on field corn growth and productivity [J]. Science of the Total Environment, 729: 138901.

HUANG J, CHEN H, ZHENG Y, et al., 2021. Microplastic pollution in soils and groundwater: Characteristics, analytical methods and impacts[J]. Chemical Engineering Journal, 425: 131870.

HUANG Y, LIU Q, JIA W Q, et al., 2020. Agricultural plastic mulching as a source of microplastics in the terrestrial environment [J]. Environmental Pollution, 260: 114096.

JIANG X F, CHANG Y Q, ZHANG T, et al., 2020. Toxicological effects of polystyrene microplastics on earthworm (*Eisenia fetida*) [J]. Environmental Pollution, 259: 113896.

JIANG X F, CHEN H, LIAO Y C, et al., 2019. Ecotoxicity and genotoxicity of polystyrene microplastics on higher plant Vicia faba [J]. Environmental Pollution, 250: 831–838.

JIN Y X, LU L, TU W Q, et al., 2019. Impacts of polystyrene microplastic on the gut barrier, microbiota and metabolism of mice [J]. The Science of the Total Environment, 649: 308–317.

JU H, ZHU D, QIAO M, 2019. Effects of polyethylene microplastics on the gut microbial community, reproduction and avoidance behaviors of the soil springtail, Folsomia candida [J]. Environmental Pollution, 247: 890–897.

KHALID N, AQEEL M, NOMAN A, 2020. Microplastics could be a threat to plants in terrestrial systems directly or indirectly [J]. Environmental Pollution, 267:115653.

KOSKEI K, MUNYASYA A N, WANG Y B, et al., 2021. Effects of increased plastic film residues on soil properties and crop productivity in agro–ecosystem [J]. Journal of Hazardous Materials, 414: 125521.

LAHIVE E, WALTON A, HORTON A A, et al., 2019. Microplastic particles reduce reproduction in the terrestrial worm Enchytraeus crypticus in a soil exposure [J]. Environmental Pollution, 255: 113174.

LI H X, LIU L, 2022. Short–term effects of polyethene and polypropylene microplastics on soil phosphorus and nitrogen availability [J]. Chemosphere, 291: 132984.

LI L Z, LUO Y M, LI R J, et al., 2020. Effective uptake of submicrometre plastics by crop plants via a crack–entry mode [J]. Nature Sustainability, 3(11): 929–937.

LI Q, WU J, ZHAO X, et al., 2019. Separation and identification of microplastics from soil and sewage sludge[J]. Environmental Pollution, 254: 113076.

LI X W, CHEN L B, MEI Q Q, et al., 2018. Microplastics in sewage sludge from the wastewater treatment plants in China [J]. Water Research, 142: 75–85.

LIN L, ZUO L Z, PENG J P, et al., 2018. Occurrence and distribution of microplastics in an urban river: A case study in the Pearl River along Guangzhou City, China [J]. Science of the Total Environment, 644: 375–381.

LITHNER D, DAMBERG J, DAVE G, et al., 2009. Leachates from plastic consumer products – Screening for toxicity with Daphnia magna [J]. Chemosphere, 74(9): 1195–1200.

LIU E K, HE W Q, YAN C R, 2014. 'White revolution' to 'white pollution' –agricultural plastic film mulch in China[J]. Environmental Research Letters, 9(9): 207 – 260.

LIU M T, LU S B, SONG Y, et al., 2018. Microplastic and meso plastic pollution in farmland soils in suburbs of Shanghai, China [J]. Environmental Pollution, 242: 855–862.

LWANGA E H, GERTSEN H, GOOREN H, et al., 2016. Microplastics in the Terrestrial Ecosystem: Implications for *Lumbricus terrestris* (Oligochaeta, Lumbricidae) [J]. Environmental Science & Technology, 50(5): 2685–2691.

LWANGA E H, VEGA J M, QUEJ V K, et al., 2017. Field evidence for transfer of plastic debris along a terrestrial food chain [J]. Scientific Reports, 7(1): 1–7.

MA J, SHENG G D, O'CONNOR P, 2020. Microplastics combined with tetracycline in soils facilitate the formation of antibiotic resistance in the *Enchytraeus crypticus* microbiome [J]. Environmental Pollution, 264: 114689.

MACHADO A A D, KLOAS W, ZARFL C, et al., 2018. Microplastics as an emerging threat to terrestrial ecosystems [J]. Global change biology, 24(4): 1405–1416.

MAHON A M, O'CONNELL B, HEALY M G, et al., 2017. Microplastics in sewage sludge: effects of treatment[J]. Environmental Science & Technology, 51(2): 810–818.

MBACHU O, JENKINS G, PRATT C, et al., 2020. A New Contaminant Superhighway? A Review of Sources, Measurement Techniques and Fate of Atmospheric Microplastics [J]. Water Air and Soil Pollution, 231(2): 1–27.

MENG F R, YANG X M, RIKSEN M, et al., 2021. Response of common bean (*Phaseolus vulgaris* L.) growth to soil contaminated with microplastics [J]. Science of the Total Environment, 755:142516.

MUMTAZ T, KHAN M R, ALI H M, 2010. Study of environmental biodegradation of LDPE films in soil using optical and scanning electron microscopy [J]. Micron, 41(5): 430–438.

NG E L, LWANGA E H, ELDRIDGE S M, et al., 2018. An overview of microplastic and nanoplastic pollution in agroecosystems[J]. Science of the total environment, 627: 1377–1388.

NIZZETTO L, BUSSI G, FUTTER M N, et al., 2016a. A theoretical assessment of microplastic transport in river catchments and their retention by soils and river sediments[J]. Environmental Science: Processes & Impacts, 18: 1050–1059.

NIZZETTO L, BUTTERFIELD D, FUTTER M, et al., 2016b. Assessment of contaminant fate in catchments using a novel integrated hydrobiogeochemical–multimedia fate model[J]. Science of the Environment, 544: 553–563.

NIZZETTO L, FUTTER M, LANGAAS S, 2016c. Are agricultural soils dumps for microplastics of urban origin?[J]. Environmental Science & Technology, 50: 10777-10779.

NOR N H M, OBBARD J P, 2014. Microplastics in Singapore's coastal mangrove ecosystems [J]. Marine Pollution Bulletin, 79(1/2): 278 - 283.

PIEHL S, LEIBNER A, LODER M G J, et al., 2018. Identification and quantification of macro- and microplastics on an agricultural farmland [J]. Scientific Reports, 8(1): 1-9.

PRENDERGAST-MILLER M T, KATSIAMIDES A, ABBASS M, et al., 2019. Polyester-derived microfibre impacts on the soil-dwelling earthworm Lumbricus terrestris [J]. Environmental Pollution, 251: 453-459.

QI Y L, OSSOWICKI A, YANG X M, et al., 2020. Effects of plastic mulch film residues on wheat rhizosphere and soil properties [J]. Journal of Hazardous Materials, 387:7.

RAMOS L, BERENSTEIN G, HUGHES E A, et al., 2015. Polyethylene film incorporation into the horticultural soil of small periurban production units in Argentina [J]. Science of the Total Environment, 523: 74-81.

REN X, TANG J, LIU X, et al., 2020. Effects of microplastics on greenhouse gas emissions and the microbial community in fertilized soil[J]. Environmental Pollution, 256: 113347.

RILLIG M C, INGRAFFIA R, MACHADO A A D, 2017. Microplastic Incorporation into Soil in Agroecosystems [J]. Frontiers in Plant Science, 8: 1805.

SANCHEZ C, 2020. Fungal potential for the degradation of petroleum-based polymers: An overview of macro-and microplastics biodegradation [J]. Biotechnology Advances, 40: 107501.

SCHEURER M, BIGALKE M, 2018. Microplastics in Swiss floodplain soils[J]. Environmental Science and Technology, 52(6): 3591-3598.

SINTIM H Y, BANDOPADHYAY S, ENGLISH M E, et al., 2019. Impacts of biodegradable plastic mulches on soil health [J]. Agriculture Ecosystems & Environment, 273: 36-49.

STEINMETZ Z, WOLLMANN C, SCHAEFER M, et al., 2016. Plastic mulching in agriculture. Trading short-term agronomic benefits for long-term soil degradation[J]. Science of the Total Environment, 550: 690-705.

SU G Z, ZHANG F G, FAN G Q, et al., 2016. Pollution condition and treatment technical analysis of residue film in Guizhou tobacco-growing areas[J]. Journal of Chinese Agricultural Mechanization, 37(7): 273-276.

SU L, CAI H W, KOLANDHASAMY P, et al., 2018. Using the Asian clam as an indicator of microplastic pollution in freshwater ecosystems [J]. Environmental Pollution, 234: 347-355.

THOMPSON R C, OLSEN Y, MITCHELL R P, et al., 2004. Lost at sea: Where is all the plastic [J]. science, 304(5672): 838.

UNEA, 2016. Marine plastic litter and microplastics[M]. In: UNEP/EA.2/Res.11. U. N. E. Programme, Nairobl.

URBINA M A, CORREA F, ABURTO F, et al., 2020. Adsorption of polyethylene microbeads and physiological effects on hydroponic maize [J]. Science of the Total Environment, 741: 140216.

VAN DEN BERG P, HUERTA-LWANGA E, CORRADINI F, et al., 2020. Sewage sludge application as a vehicle for microplastics in eastern Spanish agricultural soils[J]. Environmental Pollution, 261: 114198.

WAN Y, WU C X, XUE Q, et al., 2019. Effects of plastic contamination on water evaporation and desiccation cracking in soil [J]. Science of the Total Environment, 654: 576–582.

WANG F, WANG X, SONG N, 2021. Polyethylene microplastics increase cadmium uptake in lettuce (*Lactuca sativa* L.) by altering the soil microenvironment[J]. Science of the Total Environment, 784: 147133.

WANG J, COFFIN S, SUN C L, et al., 2019. Negligible effects of microplastics on animal fitness and HOC bioaccumulation in earthworm Eisenia fetida in soil [J]. Environmental Pollution, 249: 776–784.

WANG Q L, ADAMS C A, WANG F Y, et al., 2022. Interactions between microplastics and soil fauna: A critical review[J]. Critical Reviews in Environmental Science and Technology, 52(18): 3211–3243.

WANG W F, GE J, YU X Y, et al., 2020. Environmental fate and impacts of microplastics in soil ecosystems: Progress and perspective [J]. Science of the Total Environment, 708: 134841.

WEITHMANN N, MÖLLER J N, LÖDER M G J, et al., 2018. Organic fertilizer as a vehicle for the entry of microplastic into the environment[J]. Science advances, 4(4): 8060.

XIONG X, WU C X, ELSER J J, et al., 2019. Occurrence and fate of microplastic debris in middle and lower reaches of the Yangtze River – From inland to the sea [J]. Science of the Total Environment, 659: 66–73.

XIONG X, ZHANG K, CHEN X, et al., 2018. Sources and distribution of microplastics in China's largest inland lake–Qinghai Lake[J]. Environmental pollution, 235: 899–906.

YAN M T, NIE H Y, XU K H, et al., 2019. Microplastic abundance, distribution and composition in the Pearl River along Guangzhou city and Pearl River estuary, China [J]. Chemosphere, 217: 879–886.

YU L, ZHANG J, LIU Y, et al., 2021. Distribution characteristics of microplastics in agricultural soils from the largest vegetable production base in China [J]. Science of the Total Environment, 756: 143860.

YU P, LIU Z, WU D, et al., 2018. Accumulation of polystyrene microplastics in juvenile Eriocheir sinensis and oxidative stress effects in the liver[J]. Aquatic toxicology, 200: 28–36.

ZETTLER E R, MINCER T J, AMARAL-ZETTLER L A, 2013. Life in the "plastisphere" : microbial communities on plastic marine debris[J]. Environmental science & technology, 47(13): 7137–7146.

ZHANG G S, LIU Y F, 2018. The distribution of microplastics in soil aggregate fractions in southwestern China [J]. Science of the Total Environment, 642: 12–20.

ZHANG S L, LIU X, HAO X H, et al., 2020. Distribution of low−density microplastics in the mollisol farmlands of northeast China [J]. Science of the Total Environment, 708: 135091.

ZHANG S, GAO W, CAI K et al., 2022. Effects of Microplastics on Growth and Physiological Characteristics of Tobacco (*Nicotiana tabacum* L.)[J]. Agronomy, 12, 2692.

ZHOU B Y, WANG J Q, ZHANG H B, et al., 2020. Microplastics in agricultural soils on the coastal plain of Hangzhou Bay, east China. Multiple sources other than plastic mulching film [J]. Journal of Hazardous Materials, 388: 121814.

ZHOU Y, LIU X, WANG J, 2019. Characterization of microplastics and the association of heavy metals with microplastics in suburban soil of central China[J]. Science of the Total Environment, 694: 133798.

ZHU B K, FANG Y M, ZHU D, et al., 2018. Exposure to nanoplastics disturbs the gut microbiome in the soil oligochaete Enchytraeus crypticus [J]. Environmental Pollution, 239: 408−415.

ZOU X, NIU W, LIU J, et al., 2017.Effects of Residual Mulch Film on the Growth and Fruit Quality of Tomato (*Lycopersicon esculentum* Mill.)[J]. Water, Air, &Soil Pollution, 228(2):1−18.

第五章 贵州地膜污染防治政策与建议

第一节 地膜污染治理政策措施

地膜污染防治是打好污染防治攻坚战、加强生态文明建设的重要内容，也是推动农业绿色发展、推进乡村生态振兴的内在要求。党中央、国务院高度重视地膜污染治理工作，致力于治理"白色污染"，提高农膜回收率，完善废旧农膜回收处理制度（杜涛等，2020）。从2014年至今，连续九年在中央一号文件中皆对农膜回收利用提出了明确的要求。随着国家对农膜污染防治的逐渐重视，相关法律法规、政策文件陆续出台，逐步构建了覆盖农膜生产、销售、使用、回收、再利用等全生命周期的全程体系，为全面推进废旧农膜污染防治奠定了坚实的基础。

一、国家法律法规和部门规章

国家环境法律、行政法规和相关规范性文件，地方条例与规章等共同组成我国地膜污染防治框架和体系。最早的是1989年正式颁布实施的《中华人民共和国环境保护法》，随后陆续出台了《中华人民共和国农业法》《中华人民共和国产品质量法》《中华人民共和国固体废物污染环境防治法》《中华人民共和国清洁生产促进法》《中华人民共和国农产品质量安全法》《中华人民共和国循环经济促进法》《中华人民共和国土壤污染防治法》《中华人民共和国乡村振兴促进法》，以及《农用薄膜管理办法》等。

《中华人民共和国环境保护法》是我国在环境保护方面最基本的立法，基于环境保护领域的基础性地位，对我国环保相关的事项作了全面系统的规定（李岸征，2019）。第四十九条明文规定，各级人民政府及其农业等有关部门和机构应当指导农业生产经营者科学种植和养殖，科学合理施用农药、化肥等农业投入品，科学处置农用薄膜、农作物秸秆等农业废弃物，防止农业面源污染。《中华人民共和国农业法》作为我国农业领域基础性专门性的立法，第五十八条规定了农业生产者和农业生产经营组织的基本义务，即要合理使用农药农膜等农用物资，采用先进耕作技术，防止过度使用农用物资给土壤带来的污染。《中华人民共和国产品质量法》第四十九条规定，生产、销售不符合保障人体健康和人身、财产安全的国家和行业标准的产品的，责令停止生产、

销售，没收违法生产、销售产品，并处违法生产、销售产品货值金额等值以上三倍以下的罚款；有违法所得的，并处没收违法所得；情节严重的，吊销营业执照；构成犯罪的，依法追究刑事责任。

1996年开始施行的《中华人民共和国固体废物污染环境防治法》对地膜生产及回收方面做出要求，此前的地膜相关政策大多关注于地膜生产供应，这是国家第一次在法律层面涉及地膜污染防控（龙昭宇等，2022）。2020年修订通过的《中华人民共和国固体废物污染环境防治法》进一步对地膜生产者的回收责任作出了明确规定，提出"产生秸秆、废弃农用薄膜、农药包装废弃物等农业固体废物的单位和其他生产经营者，应当采取回收利用和其他防止污染环境的措施"。同时，鼓励研究开发、生产、销售、使用在环境中可降解且无害的农用薄膜。《中华人民共和国清洁生产促进法》是我国发展清洁生产的基本法律，农用地膜清洁生产目的是将农用地膜产生的污染物在源头上予以消除，尽可能减少对环境造成的污染（李岸征，2019）。其中第二十二条规定，农业生产者应当科学地使用化肥、农药、农用薄膜和饲料添加剂，改进种植和养殖技术，实现农产品的优质、无害和农业生产废物的资源化，防止农业环境污染。该法的实施，有效解决了农用地膜污染转移的难题。《中华人民共和国农产品质量安全法》第十九条对农业生产者的义务做了规定，要求农产品生产者应当合理使用化肥、农药、兽药、农用薄膜等化工产品，防止对农产品产地造成污染。《中华人民共和国循环经济促进法》的出台，旨在指导人们发展循环经济，提高资源的利用效率，对资源实行多次循环利用，解决有限的资源和人类社会无限度需求之间的矛盾。其中第三十四条提出，国家鼓励和支持农业生产者和相关企业采用先进或者适用技术，对农作物秸秆、畜禽粪便、农产品加工业副产品、废农用薄膜等进行综合利用，开发利用沼气等生物质能源。

《中华人民共和国土壤污染防治法》自2019年1月1日起实施，改变了土壤污染防治缺乏专门法律规范的现状，进一步织密织严了生态环境保护的"法治网"。其中第二十六条、二十七条、三十条、八十八条规定了政府及相关部门在防治农膜污染方面的义务，要求加强农用薄膜使用控制，落实各主体回收废弃农用薄膜的法律责任，明确规定未按照规定及时回收农用薄膜，可在责令更正后处以罚款。对于未按照规定及时回收农用薄膜的行为第一次有了罚则。同时，第二十九条提出，国家鼓励和支持农业生产者使用生物可降解农用薄膜。2021年6月1日起施行的《中华人民共和国乡村振兴促进法》第四十条规定，地方各级人民政府及其有关部门应当采取措施，推进废旧农膜和农药等农业投入品包装废弃物回收处理，推进农作物秸秆、畜禽粪污的资源化利用，严格控制河流湖库、近岸海域投饵网箱养殖。

在相关法律法规框架下，为进一步加强农用薄膜行业管理，规范农用薄膜行业生产经营和投资行为，引导农用薄膜行业向资源节约、环境友好型产业发展，中华人民共和国工业和信息化部对2009年发布的《农用薄膜行业准入条件》进行了修订，形成《农用薄膜行业规范条件（2017年本）》，对农用地膜企业生产条件、生产工艺和装备、质量与管理、环境保护和资源节约综合利用等做了明确的规定。基于土壤污染防治行动计划等相关法律和行政法规的要求，当前地膜覆盖技术形势的需要，以及社会对"白色污染"治理和环境质量提升等方面的期待，中华人民共和国农业农村部、工业和信息化部、生态环境部、市场监管总局于2020年联合印发了《农用薄膜管理办法》。《农用薄膜管理办法》遵循全链条监督管理的思路，构建覆盖农用薄膜生产、销售、使用、回收等环节的监管体系，明确地方政府的主体责任（图5-1），建立一个多部门分工配合的管理体制，为农用薄膜全链条监管管理提供了坚实的保障，是一个重要的里程碑事件。

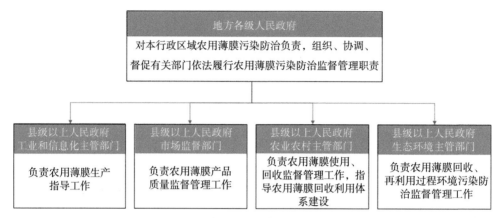

图 5-1　各级政府和部门职责划分

《农用薄膜管理办法》明确提出，禁止生产、销售、使用国家明令禁止或者不符合强制性国家标准的农膜薄膜。鼓励和支持生产、使用全生物降解农用薄膜。要求建立生产、销售、使用台账记录（图5-2）。

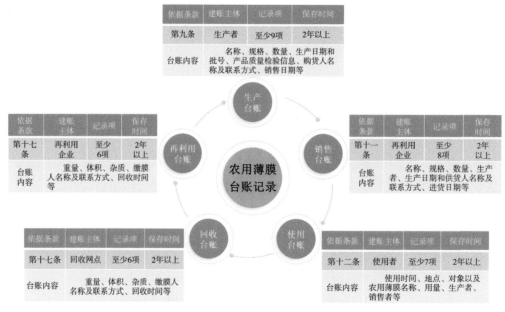

图 5-2　台账建设要求

二、国家（部门）政策文件和标准

1990 年 12 月，《国务院关于进一步加强环境保护工作的决定》中首次提出控制农膜对环境造成的污染，此后农膜污染防控政策涉及范围逐渐扩大。1996 年，《国务院关于环境保护若干问题的决定》中指出，地方各级人民政府应当控制地膜对农田和水源造成的污染。2006 年，地膜科学使用，发展和推广可降解地膜，建立生产者责任延伸制度以推进废弃地膜循环利用被纳入《国家"十一五"规划》。2011 年，《关于进一步加强农业和农村节能减排工作的意见》指出，严格限制使用超薄地膜，推广应用厚度不低于 0.008 mm 地膜，对地膜回收行为进行补贴，建设一批废旧地膜回收加工网点，建立健全加工网络。提出建立政府引导、企业带动、市场运作的地膜回收网络，为地膜回收利用体系的建立提供了思路。该项政策逐步建立起地膜使用、回收、再利用等环节相互衔接的地膜回收利用机制，对地膜资源化利用做出明确技术指导。2014 年，《关于做好旱作农业技术推广工作的通知》提出，通过"以旧换新"等补助方式促进残膜回收利用，推广应用适时揭膜、机械捡膜等技术，减轻地膜破损。加强示范培训，开展可降解农膜试验。随着生态文明建设的推进，废弃地膜资源化利用的重要性日益凸显，各环节行为技术规范开始被制定，地膜生产、使用和资源化利用等方面的要求逐步明确，地膜相关政策操作性逐渐增强，措施逐步细化，为废旧地膜资源化利用提供了可执行思路。

2015 年，《关于打好农业面源污染防治攻坚战的实施意见》提出"一控两减三基本"，明确要求到 2020 年，农膜回收率达到 80% 以上，并对废弃地膜回收工作的目标任务作出了具体要求。2016 年，国务院制定的《土壤污染防治行动计划》指出，在我国河北、辽宁、山东、河南、甘肃和新疆等地开展废弃农膜回收试点，并要求尽快出台废弃农膜回收利用部门规章，修订农膜标准，提高厚度要求，研究制定可降解农膜标准。2017 年，《农业部关于印发〈农膜回收行动方案〉的通知》提出，加快推进农业绿色发展，围绕"一控两减三基本"目标，加强农膜污染治理，提高废旧农膜资源化利用水平，对农膜回收利用的目标、措施、模式等做出了详细规划与具体安排。将农膜回收行动作为农业绿色发展五大行动之一，首次提出试点"谁生产、谁回收"的地膜生产者责任延伸制度。《农膜回收行动方案》作为废弃地膜资源化利用的指导方案发布，标志着我国地膜污染防控政策体系逐渐完善。2018 年，中共中央、国务院印发《关于全面加强生态环境保护 坚决打好污染防治攻坚战的意见》，要求推进废弃农膜回收，完善废旧地膜回收处理制度。同年，《农业农村污染治理攻坚战行动计划》对秸秆、农膜废弃物资源化利用提出明确要求，到 2020 年，全国农膜回收率达到 80% 以上，河北、辽宁、山东、河南、甘肃和新疆等农膜使用量较高省份力争实现废弃农膜全面回收利用。2019 年，《关于加快推进农用地膜污染防治的意见》出台，明确了地膜污染防治的总体要求、制度措施、重点任务和政策保障，提出到 2025 年，我国基本实现农膜全回收的目标。该意见是指导地膜污染防治工作的纲领性文件（靳拓等，2020）。同年，《关于做好农业生态环境监测工作的通知》提出，综合考虑覆膜作物、覆膜年限、回收方式等情况，开展地膜残留监测，摸清农田地膜残留量和回收情况。

在前期工作的基础上，2020 年出台了《关于进一步加强塑料污染治理的意见》，并明确要求禁止生产和销售厚度小于 0.010 mm 的聚乙烯农用地膜；在重点覆膜区域，结合农艺措施规模化推广可降解地膜；建立健全废旧农膜回收体系；推进农田残留地膜清理整治工作，逐步降低农田残留地膜量；开展废旧农膜回收利用试点示范；以降解安全可控性、规模化应用经济性等为重点，开展可降解地膜等技术验证和产品遴选。同年，《中共中央 国务院关于抓好"三农"领域重点工作确保如期实现全面小康的意见》提出，深入开展农药化肥减量行动，加强农膜污染治理，推进秸秆综合利用，要求各地方、各部门要加强塑料污染治理宣传引导。2022 年 1 月 4 日《中共中央 国务院关于做好 2022 年全面推进乡村振兴重点工作的意见》出台，要求加强农业面源污染综合治理，深入推进农业投入品减量化，加强畜禽粪污资源化利用，推进农膜科学使用回收，支持秸秆综合利用。2022 年 3 月，地膜科学使用回收试点工作启动。试点工作聚焦重点用膜地区，选择地膜用量大、工作基础好、主体积极性高的县进行试点，重点支持推广加厚高强度地膜和全生物降解地膜，系统解决传统地膜回收难、替代成本高的问题。地膜科学使用回收试点工作的开展，标志着今后一个时期我国将从推广加厚高强度地膜和全生物降解地膜两个方向协同发力推进地膜污染防治。为支持贵州在新时代西部大开发上闯出农业现代化新路子，同年 4 月，农业农村部制定印发了《推进贵州现代山地特色高效农业发展实施方案》提出，加强农膜生产、销售、使用、回收、再利用等环节管理，建设 100 个农膜监测点，推动农膜回收率达到 85% 以上。2023 年 3 月，农业农村部、市场监管总局、工业和信息化部、生态环境部联合发布农用薄膜执法监管 10 个典型案例，5 个案例对生产、销售、使用不符合国家标准农用薄膜的行为作出处罚，5 个案例对未履行废旧农膜回收责任的行为作出处罚。其中，"贵州省黔东南苗族侗族自治州台江县某农业有限公司使用不符合标准农用薄膜案"被列入 10 个典型案例。2023 年 4 月，农业农村部、市场监管总局、工业和信息化部、生态环境部联合印发《关于进一步加强农用薄膜监管执法工作的通知》，要求切实加强农用薄膜全程监管，严厉打击生产销售非标地膜、不按规定回收废旧地膜等违法行为，从严格源头生产监管、加强市场质量监管、强化使用回收监管、强化部门协同配合等四个方面作出了具体安排。在相关法律法规逐步健全完善的基础上，加大监管执法成为推进农膜污染防治的重要举措。

最早的农用地膜标准是 1984 年原中国轻工业部发布实施的《聚乙烯吹塑农用地面覆盖薄膜》（SG 369—1984），1992 年修订为国家强制性标准《聚乙烯吹塑农用地面覆盖薄膜》（GB 13735—1992）。GB 13735—1992 发布施行至今长达 20 多年，标准的技术要求已不能满足当前的生产和使用要求。因此，2017 年 10 月 14 日，新修订的《聚乙烯吹塑农用地面覆盖薄膜》（GB 13735—2017）国家标准正式颁布。新国标对地膜的适用范围、分类、产品等级、厚度和偏差、拉伸性能、耐候性能等多项指标进行了修订，提高了地膜的厚度下限，有利于地膜机播作业和回收再利用。2018 年 7 月 1 日，《全生物降解农用地面覆盖薄膜》（GB/T 35795—2017）国家标准颁布实施。标准对全生物降解农用地膜包括规格与规格尺寸偏差、外观、力学性能、水蒸气透过量、重金属含量、生物降解性能、人工气候老化性能等进行了规定。《农田地膜残留量限值及测定》（GB/T 25413—2010）则规定了地膜在农田土壤中残留量限值和测定方法，提出待播农田耕作层内地膜残留量限值应不大于 75 kg/hm²。相关国家标准的发布对于解决我国农田地膜残留问题，减少农田"白色污染"，逐步改善土壤环境质量具有重要意义。

三、贵州省级政策文件

近年来，贵州省大力推进地膜科学使用与回收利用，制定出台了一系列相关政策文件。2018 年 11 月，《贵州省人民政府办公厅关于加快推进农业绿色发展的实施意见》提出，积极开展农膜回收试点工作。同年 12 月，印发《贵州省农业农村污染治理攻坚战行动计划实施方案》，要求加强秸秆综合利用和农膜废弃物资源化利用。2019 年 3 月，贵州省农业农村厅办公室印发《关于加强春耕备耕期间地膜回收工作的通知》，从"深化认识、抢抓农时、抓好源头、强化引领、加强宣传、摸清底数"六个方面，对春耕备耕期间地膜回收和使用工作进行了部署，并着力推动加厚高强度地膜的全面推广使用，强化春耕备耕期间地膜回收和使用工作。

2020 年 6 月，《关于加快推进贵州省农用地膜污染防治的实施意见》出台，要求到 2025 年，农膜基本实现全回收，全省地膜残留量实现负增长，农田白色污染得到有效防控。推进农用地膜污染防治过程中部门职责分工基本确定，协同推进机制基本构建。同时，贵州省农业农村厅、贵州省市场监督管理局联合印发《关于开展农用地膜专项整治行动的通知》，组织开展了地膜生产大排查、地膜经营大排查、地膜使用大检查，在全国率先开展地膜专项整治行动，对非标地膜开展源头治理和执法检查。2020 年 8 月，省发展改革委 省生态环境厅印发《关于进一步加强塑料污染治理的实施方案》提出，建立健全废旧农膜回收体系，建设废旧农膜回收网点，推进农膜专业化回收利用。加大农田残留地膜监测力度，推进农田残留地膜、农药化肥塑料包装等清理专项整治，逐步降低农田残留地膜量。2020 年，是贵州省推进地膜污染防治的关键之年，多个政策文件的制定，补齐了政策短板，推动了贵州省地膜污染防治政策体系不断趋于完善。

2021 年 6 月，贵州省农业农村厅办公室印发《关于加强农用薄膜使用及回收监督管理工作的通知》，对执法监管指导、地膜覆盖减量、地膜使用标准化等方面提出了指导性意见。2022 年 1 月，《中共贵州省委 贵州省人民政府关于做好 2022 年全面推进乡村振兴重点工作的实施意见》要求，推进农膜科学使用回收。同月，贵州省委省政府《关于在生态文明建设上出新绩的实施意见》提出，加大废旧农膜回收处理力度，到 2025 年，废旧农膜回收率达 85%。同年 2 月，贵州省委省政府《贯彻落实〈国务院关于支持贵州在新时代西部大开发上闯新路的意见〉的实施意见》要求，进一步完善农田地膜残留和回收利用监测网络，建立健全农田地膜残留监测点。同年 4 月，《贵州省农业农村污染治理攻坚战行动方案（2022—2025 年）》出台，明确提出深入实施农膜回收行动，建立健全回收网络体系，提高废旧农膜回收利用和处置水平。同年 6 月，贵州省农业农村厅办公室印发《贵州省 2022 年农膜回收利用工作实施方案》，要求强化废旧农膜回收利用，积极探索废旧农膜回收利用新途径。2021—2022 年期间，贵州省地膜污染防控的政策重心由污染防控向资源化利用发生转变，相关政策文件的制定除严格执行生产及使用标准，更加关注是否实现废弃地膜资源化利用，并对资源化利用目标提出具体要求。

2023 年是贵州省持续深入推进地膜污染防控之年。同年 3 月，贵州省农业农村厅印发《关于加强 2023 年度废旧农膜回收利用工作的通知》，在推进农膜使用标准化和减量化、规范建立农膜使用、回收台账等工作的基础上，逐步建立完善废旧农膜回收体系。同年 5 月，《贵州省打击非标地膜"百日攻坚"专项行动方案》印发，启动了打击非标地膜"百日攻坚"专项行动，对生产销售非标地膜、不按规定回收废旧地膜等违法行为进行严厉打击，推动农用薄膜全程监管。同年 6 月，贵州省农业农村厅办公室印发《2023 年贵州省地膜科学使用回收试点实施方案》，从科学推进加厚高强度地膜应用、有序推广全生物降解地膜、推广地膜高效科学覆盖技术、健全回收利用体系等方面，推动构建贵州省废旧地膜污染治理长效机制，推进地膜科学使用回收。随着政策措施的逐步完善、逐渐细化，贵州省地膜污染防控政策导向开始从宣传引导型为主，向命令控制型及经济激励型政策转变，政策整体约束力不断增强，进入监管执法和回收利用体系建设的阶段。

四、"十四五"规划与方案

（一）国家地膜污染防治"十四五"规划与方案

《"十四五"推进农业农村现代化规划》提出，加快普及标准地膜，加强可降解农膜研发推广，推进废旧农膜机械化捡拾和专业化回收。同时，提出在重点用膜区整县推进农膜回收，建设农村生态文明工程。《"十四五"全国农业绿色发展规划》提出，推进农膜回收利用。落实严格的农膜管理制度，加强农膜生产、销售、使用、回收、再利用等环节管理。推广普及标准地膜，开展地膜覆盖技术适宜性评估，因地制宜调减作物覆膜面积。强化市场监管，禁止企业生产、采购、销售不符合国家强制性标准的地膜。积极探索推广环境友好生物可降解地膜。促进废旧地膜加工再利用，培育专业化农膜回收主体，发展废旧地膜机械化捡拾，建设农膜储存加工场点。建立健全农膜回收利用机制，在西北地区支持一批用膜大县整县推进农膜回收，加强长江经济带农膜回收利用，健全回收网络体系。开展区域农膜回收补贴制度试点，探索建立地膜生产者责任延伸制度。建立健全农田地膜残留监测点，开展常态化、制度化监测评估。

《"十四五"全国农业农村科技发展规划》提出，研发高强度地膜、地膜回收捡拾机具、地膜资源化利用等重要产品和关键技术；研发农业废弃物综合利用的环境健康风险评估与防控技术。《"十四五"全国农业绿色发展规划》《"十四五"全国农业农村科技发展规划》《"十四五"土壤、地下水和农村生态环境保护规划》均将"农膜回收率达85%"列为"十四五"发展规划主要指标之一。《"十四五"土壤、地下水和农村生态环境保护规划》还提出，深入实施农膜回收行动，严格落实农膜管理制度，健全农膜生产、销售、使用、回收、再利用全链条管理体系；推广使用标准地膜，发展废旧地膜机械化捡拾，探索推广环境友好全生物可降解地膜，推广地膜科学使用回收。

《"十四五"塑料污染治理行动方案》将"农膜回收率达到85%，全国地膜残留量实现零增长"明确为规划的主要目标之一。同时，明确要求禁止生产厚度小于0.010 mm 的聚乙烯农用地膜。加快对全生物降解农膜的科学研究和推广应用。深入实施农膜回收行动，继续开展农膜回收示范县建设，推广标准地膜应用，推动机械化捡拾、专业化回收和资源化利用。《农业农村污染治理攻坚战行动方案（2021—2025 年）》中把"农膜回收率达到85%"列为行动目标之一。提出深入实施农膜回收行动，落实严格的农膜管理制度，加强农膜生产、销售、使用、回收、再利用等环节的全链条监管，持续开展塑料污染治理联合专项行动。全面加强市场监管，禁止企业生产销售不符合国家强制性标准的地膜，依法严厉查处不合格产品。因地制宜调减作物覆膜面积，大力推进废旧农膜机械化捡拾、专业化回收、资源化利用，建立健全回收网络体系，提高废旧农膜回收利用和处置水平。加强农膜回收重点县建设，推动生产者、销售者、使用者落实回收责任，集成推广典型回收模式。推进全生物可降解地膜有序替代，在不同类型区域建设试验示范基地。建立健全农田地膜残留监测点，开展常态化、制度化监测评估。《"十四五"长江经济带农业面源污染综合治理实施方案》将"农膜回收率达到85%以上"明确为重要目标任务。提出推进农膜回收利用，推广普及标准地膜，开展地膜覆盖技术适宜性评估，因地制宜调减作物覆膜面积。示范推广一膜多用、行间覆盖、机械捡拾、适时揭膜等技术，降低地膜残留污染风险，强化市场监管，积极探索推广环境友好生物可降解地膜。促进废旧地膜加工再利用，培育专业化农膜回收主体，发展废旧地膜机械化捡拾，建设农膜储存加工场点。健全农膜回收网络体系，从农膜质量、覆膜栽培工艺、回收机具、处理利用方式等多个环节，推动"生产—使用—回收—处理—利用"一体化的农膜污染综合治理。鼓励开展农膜回收区域补贴制度试点，探索建立地膜生产者责任延伸制度。建立健全农田地膜残留监测点，开展常态化、制度化监测评估。

（二）贵州省地膜污染防治"十四五"规划与方案

在国家地膜污染防治"十四五"规划与方案的基础上，贵州省因地制宜，积极推进适合于贵州省省情的地膜污染防治"十四五"规划与方案。《贵州省"十四五"国家生态文明试验区建设规划》提出，加强农业面源污染防治，加强农业投入品质量监管保障，提升质量合格农药、肥料、农膜等投入品使用率。加大农田残留地膜监测力度，进一步完善农田地膜残留和回收利用监测网络，建立健全农田地膜残留监测点，到 2025 年农膜回收率达 85% 以上。《贵州省"十四五"现代山地特色高效农业发展规划》要求，严格执行国家农用地膜标准，加快普及标准地膜，加强可降解农膜研发推广，推进废旧农膜回收。《贵州省农业农村污染治理攻坚战行动方案（2022—2025 年）》将"农膜回收率达到 85%"列为行动目标之一，提出深入实施农膜回收行动，落实严格的农膜管理制度，加强农膜生产、销售、使用、回收、再利用等环节的全链条监管，持续开展塑料污染治理联合专项行动。全面加强市场监管，禁止企业生产销售不符合国家强制性标准的地膜，依法严厉查处不合格产品。因地制宜调减作物覆膜面积，大力推进废旧农膜机械化捡拾、专业化回收、资源化利用，建立健全回收网络体系，提高废旧农膜回收利用和处置水平。推进全生物可降解地膜有序替代，在不同类型区域建设试验示范基地。建立健全农田地膜残留监测点，开展常态化、制度化监测评估。规划和方案对贵州省地膜污染防控工作提出了明确目标、路径、具体举措和政策保障，为做好贵州省地膜污染防控工作并取得显著成效奠定了坚实基础。

第二节　贵州地膜污染防治措施与成效

近年来，贵州牢固树立绿色发展理念，按照"统筹兼顾，重点推进；因地制宜，多措并举；强化管理，落实责任；政府扶持，多方参与"的基本原则，积极采取有效措施，不断加大工作力度，有序推进农膜回收利用体系建设，农膜科学使用与回收利用水平不断提高，有力推动了贵州省农业绿色发展和乡村生态振兴。

一、主要工作措施

（一）构建地膜污染防治协同推进机制

2020 年以来，贵州省相关部门先后印发了《关于加快推进贵州省农用地膜污染防治的实施意见》《关于开展农用地膜专项整治行动的通知》《关于认真贯彻落实〈农用薄膜管理办法〉的通知》《关于加强农用薄膜使用及回收监督管理工作的通知》等系列政策文件，明确了地方人民政府农膜污染防治主体责任，农业农村、工业和信息化、市场监督管理、生态环境等部门职责分工基本确定，贵州省农膜污染防治协同推进机制基本构建。

（二）将地膜持续纳入农资打假监管范围

严格执行强制性国家标准《聚乙烯吹塑农用地面覆盖薄膜》（GB 13735—2017）规定，全面推广使用最小标称厚度不小于 0.010 mm 的地膜。2019 年开始，贵州省连续多年将地膜列为开展专项治理的重点农资产品，明确各级农业农村部门积极配合市场监管部门开展地膜质量监督抽查，严格执行地膜新标准。指导农业生产者拒绝购买、使用不符合国家标准的地膜产品，确保不达标地膜产品不出厂、不进店、不下田。

（三）推进废旧地膜回收利用体系建设

2022 年起，专项列支省级农业资源及生态保护资金，用于支持贵州省 9 个市（州）开展废旧地膜回收利用体系建设，对废旧地膜回收网点建设、废旧地膜资源化利用、全生物降解地膜试验示范等建设内容进行补助，在贵阳市开阳县、六盘水市水城区、遵义市播州区、毕节市七星关区等地建成一批废旧地膜回收网点和废旧地膜资源化利用示范点。

（四）组织开展地膜专项整治行动

组织开展了以"地膜生产大排查、地膜经营大排查、地膜使用大检查"为重点的农用地膜专项整治行动。同时，对地膜的生产、经营、使用等环节进行专项整治，杜绝生产、经营、使用不合格地膜。专项整治行动中，先后查处了黔东南州台江县、锦屏县某农业公司使用非标地膜案，遵义市红花岗区王某不按规定回收地膜等典型案例。

（五）推进地膜科学使用回收技术指导和宣传培训

扎实开展地膜回收利用宣传培训、技术指导和技术服务，省级层面每年至少组织 1 期地膜科学使用与回收利用技术培训会。各市（州）运用广播、电视、报刊、互联网等媒体，广泛宣传《中华人民共和国土壤污染防治法》《农用薄膜管理办法》和强制性国家标准《聚乙烯吹塑农用地面覆盖薄膜》（GB 13735—2017）等相关法律法规和标准，举办地膜回收利用技术培训和回收利用标志性活动，推广使用加厚高强度地膜和全生物降解地膜，引导广大农户和农业经营者科学使用地膜，积极捡拾回收废旧地膜。

二、主要工作成效

（一）标准地膜得以全面推广使用

经过宣传引导、加强技术指导、强化农民培训，开展农膜专项整治、农资打假专项治理等措施，农用薄膜生产者、销售者、使用者对农膜回收认识得到进一步加强，最小标称厚度不小于 0.010 mm 的标准地膜得以普及推广，地膜污染防治受到前所未有的重视。

（二）地膜回收利用体系逐步建立

通过实施地膜回收利用示范项目，在项目示范区建设废旧地膜回收网点、废旧地膜加工利用生产线，引导种植大户、农民合作社、龙头企业等新型经营主体开展地膜回收，项目示范区地膜回收网络体系逐步构建。同时，通过加强宣传引导、技术指导、项目示范等措施，地膜生产者、销售者、使用者对地膜回收的认识得到进一步加强，地膜回收利用的重视程度逐步提高，地膜回收水平明显提升。

（三）农用薄膜监管执法取得新突破

2021 年 7 月，贵州省首例不按规定回收地膜案件罚单在遵义开出后，毕节市、贵阳市等市（州）相继开出不按规定回收地膜案件罚单，查办了一批具有指导意义的案件。同年 8 月，黔东南州开出贵州省地膜整治行动最高罚单，该执法案例被纳入农业农村部、市场监管总局、工业和信息化部、生态环境部联合发布的农用薄膜执法监管 10 个典型案例。

（四）建立了一批地膜有效回收利用模式

遵义市播州区、凤冈县，六盘水市水城区等地凝练形成"农户清除＋网点集中＋合作社回收＋企业加工再利用"废旧地膜回收利用运行模式。毕节市黔西市、铜仁市印江县、黔西南州兴仁市等地凝练形成"村级有回收网点、乡镇有回收贮运中心、区域有回收利用企业"地膜回收利用示范体系。黔南州福泉市建立"废旧地膜回收焚烧发电"处理模式等地膜污染防治典型模式。

第三节　贵州地膜污染防治建议

贵州地膜污染防治工作总体起步较晚，基础薄弱，当前虽取得一定成效，但仍面临诸多困难和问题，特别是在政策体系建设、产品质量把控、技术创新与应用模式探索等方面依然任务艰巨。地膜使用涉及政策措施、产品质量、生态条件、生产技术和耕作方式等一系列综合因素影响，特别是以山地、丘陵为主的贵州省更是明显。面对地膜污染治理这个系统工程，当前应围绕"农膜回收率"这一核心目标任务，多措并举、综合施策，从政策、管理、技术、应用多维度一体化推进地膜的科学使用。

一、坚持绿色发展，强化宣传引导，提升全民科学用膜认识

《新时代的中国绿色发展》白皮书指出，绿色是生命的象征、大自然的底色，良好生态环境是美好生活的基础、人民共同的期盼，必须坚定不移走绿色发展之路。2025年农膜回收率达 85% 是各级"十四五"规划和行动（实施）方案既定目标，同时也是推进我国绿色发展的关键举措。必须将绿色发展理念融入科学用膜全链条各环节，以绿色发展为指引，强化 85% 农膜回收率的目标导向需求，加强地膜生产、销售、使用和回收处理的宣传培训，提高人们对地膜覆盖应用和残膜污染的深刻认识，增强人们对绿色发展重要性的理解，提升全民科学用膜环保意识。

二、坚持问题导向，强化顶层设计，构建科学用膜应用体系

基于当前地膜残留污染形势和生产应用现状，围绕 2025 年农膜回收率达 85% 的既定目标与地膜科学使用这一长远任务，坚持问题导向，做好顶层设计，系统性、体系化推进地膜污染防控。从地膜全生命周期出发，紧盯产品生产、销售、使用、回收、再利用等关键环节。注重综合施策，从政策、监管、技术、考核等方面协同发力。加强法律法规落地，持续优化体制机制建设，加大产品准入条件设置，强化技术和管理模式创新，落实各方主体职责，确保资金投入保障，实施全产业链组织管理战略，系统构建具有地方特色、科学合理的地膜科学应用体系。

三、坚持创新引领，强化因地制宜，深入推进地膜污染防治

地膜污染防治是长期性、系统性和复杂性工程，针对贵州特殊的地理环境，复杂多样的生态条件和农业生产模式，需要充分借鉴国内外先进经验和成功案例，从产品生产、使用和回收场景、回收再利用模式等关键环节入手，有针对、有重点地加强核心科技研发与技术推广。针对自然条件、资源禀赋、种植习惯和地膜使用特点，一是深入开展基础现状调查与污染风险评价，建设地膜生产、销售、农业应用和残留污染水平数据库，系统评估污染风险程度，摸清家底，为地膜科学使用奠定基础；二是加强地膜产品追溯体系建设，开展地膜覆盖区域适宜性研究，提倡轻简化覆膜栽培，推动地膜生产和使用全过程管控与源头减量；三是革新作物种植覆膜模式，积极推进加厚高强度地膜应用，加大山地覆膜和回收机具研发，创新区域回收利用模式，提升回收利用效率和价值；四是开发生物降解地膜、液态地膜和植物型覆盖材料，推进地膜覆盖技术的创新发展，通过适宜性评价，科学稳妥推进产品和技术替代。

四、坚持突出成效，强化结果输出，切实提升污染防治水平

做好地膜残留污染防控，推动地膜科学使用，必须强化结果输出，突出实际成效。只有政策上有突破、资金上有保障、监管上有手段、技术上有创新、考核上有实招，才能切实提升地膜残留污染防治水平，确保科学用膜目标得以实现。总体思路上，严格落实相关政策措施，确保合格地膜用得下去，收得起来，从源头降低地膜残留污染风险；严格落实科学使用，根据具体情况实施科学用膜，避免地膜滥用；健全回收网络体系，实施分级分类回收处置模式，因地制宜推行后处理模式。重点任务上，突出抓好常态化农用薄膜执法监管，健全多元化回收利用体系，稳妥推广加厚高强度地膜和全生物降解地膜应用，完善地膜污染治理长效机制。在工作推动上，进一步明确各方主体责任，积极争取中央（省级）财政专项支持，加强多部门协同联动，强化项目实施监测评价和宣传引导。

参考文献

杜涛, 宋莉, 罗思, 等, 2020. 我国废旧地膜回收利用及相关标准现状分析 [J]. 再生资源与循环经济, 13(5):24–26.

靳拓, 薛颖昊, 张明明, 等, 2020. 国内外农用地膜使用政策、执行标准与回收状况 [J]. 生态环境学报, 29(2):411–420.

李岸征, 2019. 论我国农用地膜污染防治法律对策 [D]. 兰州: 兰州大学.

龙昭宇, 杨紫洪, 张康洁, 等, 2022. 中国地膜污染防控政策结构与演进——基于 1990—2020 年政策文本的量化分析 [J]. 中国农业资源与区划, 43(1):141–152.

第六章 贵州地膜污染防治范例

第一节 地膜污染防治模式

一、"户清除＋点集中＋社回收＋企业加工再利用"模式

"户清除＋点集中＋社回收＋企业加工再利用"模式指将废旧农用薄膜回收处理再利用，实现地膜的资源化再生利用。农户通过机械或人工的方式从田间清除回收废旧地膜，回收点从农户手中集中收集废旧地膜，并根据地膜的使用类型进行分类，回收点把废旧地膜运到合作社，合作社依次对废旧地膜进行筛选、破碎、清洗、脱干、高温熔膜、熔化切割等一系列操作，最后企业对废弃地膜进行加工再利用，即将废旧地膜塑化（直接塑化、破碎塑化、经过相应前处理破碎塑化），进行成型加工制成盘、筐等塑料钵及其多种农资（赵岩等，2021；张万仓等，2014），或以地膜和碳酸钙为主要原料，经过配比原材料、密炼、两辊压延冷却、剪片、冲块，制成塑料地板块等建材产品（宁平等，2007；赵少婷等，2021）。

"户清除＋点集中＋社回收＋企业加工再利用"模式遵循固体废物污染防治"三化"原则，有针对性地将地膜资源化，实现废弃地膜的回收与再利用，系统解决"白色污染"问题，有效减少地膜对农业生产和生态环境的污染，是地膜污染防治的重要途径（图6-1）。

二、"废旧地膜回收焚烧发电"模式

"废旧地膜回收焚烧发电"指将废旧地膜集中转运至垃圾焚烧发电厂用于焚烧发电，实现废旧地膜资源化利用的一种模式。主要包括三阶段：第一阶段是收集和清运。种植户收集回收废弃地膜，村组集中存放，乡镇统一收集，将废旧地膜送入破袋布料机撕开，使地膜变得松散，便于打包运输，随后集中转运至市级垃圾场；第二阶段是分选。经过人工分拣、筛分处理、磁选、风选等分选流程，去除废旧地膜中杂质（如土壤、石头、金属以及难以燃烧的物质），再将废旧地膜进行压缩转运（袁寅强等，2021）；第三阶段是焚烧处理。将废旧地膜进行高温分解和深度氧化处理，一般炉内温度高于850℃。通常可将焚烧过程划分为干燥、热分解、燃烧三个阶段，每个过程可将

产生的热能能量转换为电能，纳入国家供电网（宁平等，2007）。

田间回收农膜	回收点集中收集	工场集中筛选
机械破碎	清洗	清洗后脱干
高温熔膜	熔化切割	切割冷却后的成品

图 6-1　"户清除＋点集中＋社回收＋企业加工再利用"模式

贵州省黔南州福泉市积极开展"废旧地膜回收焚烧发电"模式探索，围绕生活垃圾"减量化、资源化、无害化"目标，按照"户分拣、村收集、镇转运、市处理"模式，全力抓好城乡生活垃圾收运系统建设和运行。将废旧地膜纳入农村生活垃圾收运系统，用于垃圾焚烧发电厂焚烧发电，实现废旧地膜的资源化利用和无害化处理。

"废旧地膜回收焚烧发电"模式能减少固体废弃物的数量和体积，回收地膜中有用的能源，加快物质循环，形成废旧地膜处理和资源节约、资源再利用融为一体的"高效、绿色、环保"循环经济。对于破碎程度严重、再利用价值不高的废旧地膜，是一条可供选择的有效途径（图 6-2）。

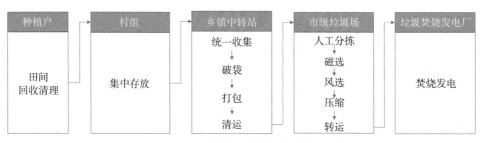

图 6-2　"废旧地膜回收焚烧发电"模式

第二节　地膜污染防治技术

一、地膜减量化（窄膜）覆盖技术

地膜减量化（窄膜）覆盖技术是指在保证不影响作物生长的前提下，通过适度减少地膜田间覆盖度实现地膜的减量化应用。根据作物种植垄型的不同，可划分为单垄窄膜覆盖模式和双垄窄膜覆盖（或称半膜覆盖）模式。以烤烟为例，一种是单垄窄膜覆盖模式，如图6-3（左）所示。基肥条施后按垄底0.60 m开厢起垄，垄高0.25～0.30 m，垄面呈弧形。起垄后在垄体顶部中线两侧0.15 m处开0.05～0.10 m深的压膜沟进行覆膜；另一种是双垄窄膜覆盖模式，如图6-3（右）所示。可按垄底2.10 m开厢起宽垄，垄面呈弧形，保证不积雨，垄高0.25～0.30 m，垄内行距0.90 m，垄间行距1.20 m，株距0.55 m，即采用宽窄行种植。起垄后在垄体的肩部，距地垄中心线0.50 m处开深0.15～0.20 m施肥沟进行施肥，用单垄地膜覆盖于垄面中心位置，膜边沿落入条施基肥的施肥沟上，在施肥沟上覆土且将地膜的边沿盖实压紧。

研究表明，地膜减量化（窄膜）覆盖技术较全膜覆盖栽培最多可减少50%的地膜使用量，除节约地膜使用成本外，能大大提高地膜回收利用率，减少地膜残留污染。同时能优化作物生长环境，提高光能利用效率，增加植株根系对水分的吸收，促进根系发育，实现作物稳产增产。在不影响作物生长的前提下，采用地膜减量化（窄膜）覆盖技术能实现节能降本和环境的可持续发展，对改善和保护农田生态环境具有重要意义，有广阔的应用前景。

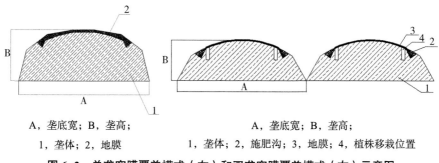

A，垄底宽；B，垄高；　　　　　　A，垄底宽；B，垄高；
1，垄体；2，地膜　　　　　　　　1，垄体；2，施肥沟；3，地膜；4，植株移栽位置

图6-3　单垄窄膜覆盖模式（左）和双垄窄膜覆盖模式（右）示意图

二、生物降解地膜替代技术

生物降解材料是一种在自然界如土壤和/或沙土等条件下，和/或特定条件如堆肥化条件下或厌氧消化条件下或水性培养液中，由自然界存在的微生物作用引起降解，并最终完全降解变成二氧化碳（CO_2）或/和甲烷（CH_4）、水（H_2O）及其所含元素的矿化无机盐以及新的生物质的材料。而以生物降解材料为主要原料制备，用于农

作物种植时土壤表面覆盖、具有生物降解性能的薄膜叫作生物降解地膜（来源：GB/T 35795—2017）。

根据要求，生物降解地膜一般具有土壤增温，限制水分蒸发，维持土壤的湿度，抑制杂草的生长（特别是使用的覆盖薄膜产品为黑色膜或非透明膜时），抑制矿物元素的淋湿，避免残余薄膜碎物对土壤毛细结构的破坏，抑制土壤板结，降解后对土壤与作物无毒、无害等作用。日本科学家把生物降解地膜定义为"在自然界中通过微生物的作用可以分解成不会对环境产生恶劣影响的低分子化合物的高分子及其掺混物"（张文峰，2002）。其主要品类有聚乳酸（PLA）、聚乙烯醇（PVA）、二元酸二元醇共聚酯（PBAT 等）、聚羟基烷酸酯（PHA）、聚己内酯（PCL）、聚羟基丁酸酯（PHB）和二氧化碳共聚物 – 聚碳酸亚丙酯（PPC）等。

生物降解地膜可以有效解决地膜残留污染问题，国内已先后在小麦、马铃薯、蔬菜、烤烟等多种农作物生产上进行生物降解地膜试验示范。马明生等（2020）研究表明，生物降解地膜在土壤水分效应、小麦产量效应方面与聚乙烯（PE）地膜无显著性差异，可应用于旱地春小麦栽培，为旱地小麦绿色高效生产提供技术支撑。从 2013 年开始，贵州在烤烟、辣椒、马铃薯、玉米、白菜等作物生产中陆续开展生物降解地膜的试验、示范及推广（图 6-4）。试验表明，生物降解地膜基本满足农事操作要求，具有与 PE 地膜相似的增温保墒、抗虫、抑制杂草等功能，在配套的农艺技术措施下，能保证作物正常生长，并具有较好的田间降解效果。高维常等（2017）使用生物降解地

图 6-4 烤烟、玉米、辣椒和白菜生物降解地膜试验

膜进行烤烟覆膜栽培，结果表明烤烟大田生育期和农艺性状与 PE 地膜相比差异不明显，在覆膜 135 d 左右时生物降解地膜的降解率达 60% 以上，有效减轻农用地膜残留污染。但由于生物降解材料本身的特性和技术尚需进一步开发完善，使用过程中，生物降解地膜降解诱导期不可控，覆膜时存在膜面破损现象，增温保墒效果稍逊于 PE 地膜等问题仍然突出。

综上，生物降解地膜在农业生产中具有较好应用效果，潜力巨大，是解决地膜残留污染问题的重要途径。但仍需要不断完善地膜产品配方，改进工艺提升地膜质量。除此之外，还需长期开展试验示范和定位跟踪监测，完善适宜性评价技术体系，加大配套农艺措施研究，形成生物降解地膜农田应用技术指南，以实现地膜—作物—区域—农艺措施的有机结合，满足和适应农业生产多样性的要求。

三、烤烟杯罩移栽技术

2013 年，贵州省黔西南州技术人员在烤烟移栽时将塑料饮水杯倒扣在井窖上，发现了该措施能促进烟苗的早生快发，"烤烟杯罩移栽技术"由此产生，并得到迅速发展（图 6-5）。研究表明，水杯与井窖相衔接形成了一个类似"微型温室"的空间结构，较好地发挥了增温保墒和防虫避雹作用，提高了烟苗成活率，促进了烟株生长发育（陈维林等，2018）。同时，该技术解决了墒情不够，无法覆膜或覆膜后无法利用降水的问题，减少了移栽时人工投入成本，实现了地膜的替代使用。

杯罩　　　　　　　　　　　　　烤烟杯罩移栽

图 6-5　烤烟杯罩移栽技术

（一）主要技术参数

烤烟杯罩移栽技术的专用杯罩产品充分利用了"杯罩＋井窖"的空间结构，开发了插口杯罩（A 型）和盖口杯罩（B 型）两大类型（图 6-6）。其中，插口杯罩扣于井窖之内与窖壁衔接，盖口杯罩扣于井窖之上用细土与窖口密封，从而发挥杯罩增温保墒、防虫避雹等作用。

插口杯罩　　　　　　　　插口杯罩参数　　　　　　　盖口杯罩

图 6-6　杯罩产品模型

（二）关键技术作业流程

放杯罩：浇施好水肥药液后，将杯罩口朝下扣于井窖内（上），杯罩口与井窖中部 6 cm 左右处衔接（杯罩口与井窖口用细土封连），罩住井窖内移栽的小苗。

取杯罩：杯罩移栽 7～15 d，待烟苗的烟芯生长高出井窖口 0～1 cm 时，于每天 16:00 后取出杯罩。

填窖：取出杯罩后，用细土将井窖填充，同时每井追施 200 mL 2% 浓度的"填窖肥水"。

杯罩收纳：取出杯罩后，将杯罩重叠收纳，用 0.1% 次氯酸钙消毒后用清水清洗干净，用绳子贯穿通气孔悬挂或用箱状容器盛放在阴凉处。

（三）其他配套技术措施

移栽烟苗标准：苗龄在 35～40 d，烟苗达到 4 叶 1 芯，苗高 3.5 cm 左右，茎围 0.65 cm 左右，叶片厚实、挺拔、大小均匀一致，无侵染性病害，烟苗根系能包住基质，即可移栽。

起垄时间：在起垄前将农家肥、油枯、磷肥、复合肥（基肥）宽幅条施于厢中间，然后起垄待栽。起垄行距按 110 cm 或 120 cm 开厢，起垄高度在 25～30 cm。

井窖制作：移栽烟苗前按 50 cm（行距 120 cm）或 60 cm（行距 110 cm）移栽株距进行定点打制井窖，要求井窖口呈圆形，直径 8～9 cm，井窖深度 18～20 cm。

烟苗放置：移栽时垂直提着烟苗叶片，苗根向下，将烟苗垂直放置于井窖内，根系必须与土壤粘连，然后放小撮细土，以便烤烟根系与土壤接触。

淋施水肥药液：烟苗放置井窖后，用浓度 1% 的专用追肥液（$N-P_2O_5-K_2O=15-15-15$），加防治地下害虫的农药，配制成水肥药液，用水壶顺井壁淋下，每井 100～200 mL（垄体墒情好 80～100 mL、中等 100～150 mL、较差 150～200 mL）。

（四）应用效果和适宜区域

烤烟杯罩移栽技术在低海拔地区适宜性较好，在高海拔、低温冷凉地区表现略差。

杯罩在适用区域内能替代地膜发挥增温保墒和防虫避霉的功能，在保障烟叶产值产量和品质的同时，具有明显的减工降本和绿色环保优势。该技术简单易行、好复制、宜推广，得到了农户广泛认可，也可辐射用于同样需要覆膜移栽的辣椒、茄子等农作物。"十三五"期间，累计在贵州、云南、河南等省推广应用 8 万余公顷，社会生态经济效益显著，为地膜污染防治开辟了新路径。

第三节　地膜覆盖应用监管处罚案例

为贯彻落实《中华人民共和国土壤污染防治法》《农用薄膜管理办法》等法律法规和部门规章要求，加强农用薄膜监督管理，各地有关部门加大执法监管力度，严厉打击生产、销售、使用不符合标准农用薄膜和不按规定回收农用薄膜等违法行为，查办了一批具有指导意义的案件。

一、贵州省监管处罚案例

案例一

当事人遵义市金鼎山镇莲池村村民王某，在蔬菜基地上使用地膜后，清理回收不干净，土壤中存在残膜，违反了《中华人民共和国土壤污染防治法》第三十条和《农用薄膜管理办法》第十五条的规定。遵义市红花岗区综合行政执法局依据《中华人民共和国土壤污染防治法》第八十八条的规定，责令当事人将土壤中残膜回收干净，并罚款 1000 元，这是贵州省第一起不按规定回收地膜的行政处罚案件。

案例一来源及原文：

贵州省农业农村厅（2021 年 7 月 13 日）

http://nynct.guizhou.gov.cn/xwzx/zwdt/202107/t20210713_69002285.html

罚款 1000 元！贵州首例地膜不回收案罚单在遵义开出

近日，遵义市红花岗区综合行政执法局对王某在蔬菜基地上使用地膜后，清理回收不干净，土壤中有残膜一案进行处罚，责令当事人将土壤中残膜回收干净，并罚款 1000 元，这是我省第一起不按规定回收地膜的行政处罚案件。

2021 年 4 月，遵义市红花岗区农业执法人员按照全省农用地膜专项整治行动安排，对蔬菜种植基地进行排查，发现金鼎山镇莲池村辣椒种植基地上有大量农膜残片。经查，当事人王某在大棚中种植辣椒时，未将土壤中的残膜回收清理干净，直接在残膜土壤中种植辣椒，违反了《中华人民共和国土壤污染防治法》第三十条："农业投入品生产者、销售者和使用者应当及时回收农药、肥料等农业投入品的包装废弃物和农用薄膜，并将农药包装废弃物交由专门的机构或者组织进行无害化处理。"和《农用薄膜管理办法》第十五条："农用薄膜使用者应当在使用期限到期前捡拾田间的非全生物降解农用薄膜废弃物，交至回收网点或回收工作者，不得随意弃置、掩埋或者焚烧。"规定。当事人于 4 月 23 日，按照责令整改要求，将土壤中的残膜清理干净。

遵义市红花岗区综合行政执法局依据《中华人民共和国土壤污染防治法》第八十八条："违反本法规定，农业投入品生产者、销售者、使用者未按照规定及时回收肥料等农业投入品的包装废弃物或者农用薄膜，或者未按照规定及时回收农药包装废弃物交由专门的机构或者组织进行无害化处理的，由地方人民政府农业农村主管部门责令改正，处一万元以上十万元以下的罚款；农业投入品使用者为个人的，可以处二百元以上二千元以下的罚款。"的规定，对当事人处以 1000 元的罚款，目前，罚款已交清。

案列二

黔东南州某公司在台江、锦屏两个蔬菜基地上使用薄膜厚度为 0.006 mm 的地膜，不符合国家强制标准《聚乙烯吹塑农用地面覆盖薄膜》（GB 13735—2017）的要求，违反了《农用薄膜管理办法》第六条规定。台江县、锦屏县农业农村局依据《贵州省农产品安全条例》规定，责令当事人将基地内的非标地膜捡拾干净，没收地膜并罚款 2 万元，两起案件共计罚款 4 万元。

案例二来源及原文：

动静新闻（2021 年 8 月 19 日）

https://movement.gzstv.com/news/detail/HeW4gR/

贵州三农 | 使用非标地膜，罚款！黔东南州开出目前全省地膜整治行动最高罚单

记者获悉，黔东南州台江县、锦屏县农业农村局近日分别对某公司在两个蔬菜基地使用非标地膜案作出处罚，责令当事人将基地内的非标地膜捡拾干净，没收地膜并罚款 2 万元，两起案件共计罚款 4 万元，这是目前全省地膜整治行动中开出的最高罚单。

据了解，2021 年 6 月，台江县、锦屏县农业农村局按照领导批示要求，分别组织农业执法人员对某公司的蔬菜基地进行执法检查，发现基地使用了厚度为 0.006 mm 的薄膜，不符合国家强制标准《聚乙烯吹塑农用地面覆盖薄膜》（GB 13735—2017），随即立案调查。

经查，该公司于 2021 年 3 月从山东省寿光市购进农用地膜，分别在台江、锦屏的蔬菜基地上使用，薄膜厚度 0.006 mm，不符合国家强制标准《聚乙烯吹塑农用地面覆盖薄膜》（GB 13735—2017）"厚度不得小于 0.010 mm"的规定，违反了《农用薄膜管理办法》第六条"禁止生产、销售、使用国家明令禁止或者不符合强制性国家标准的农用薄膜"的规定。台江县、锦屏县农业农村局依据《贵州省农产品安全条例》规定，分别对公司进行罚款 2 万元、没收地膜的处罚，目前当事人已交清罚款。

案列三

当事人毕节市金沙县村民王某在种植红菜薹时，未将上茬作物使用的地膜回收，地块里有许多未回收的黑色地膜碎片，污染了土壤。金沙县农业农村局依据《中华人民共和国土壤污染防治法》第八十八条的规定，对当事人王某处以 800 元的罚款，这

是毕节市首例不按规定回收地膜案件的罚单。

案例三来源及原文：

动静新闻（2021 年 12 月 3 日）

https://movement.gzstv.com/news/detail/HDQ6KD/

现场督办！毕节市首例不按规定回收地膜案件罚单在金沙开出

记者从贵州省农业农村厅获悉，近日，毕节市第一起不按规定回收地膜行政处罚案件罚单开出。此农业面源污染案件于现场发现当天立案查处，于 12 月 1 日下达行政处罚决定书，20 d 的时间便顺利办结，体现出我省为加快推进农膜科学使用，防治农膜残留污染，改善农村人居环境，推动农业绿色发展的决心。

11 月 12 日，省农业农村厅副厅长胡继承带领厅种植业处、农安处有关人员到毕节市金沙县指导农业面源污染、农药使用及包装废弃物回收等生态环境保护工作。在金沙县沙土镇合群社区大水田蔬菜基地，指导组发现红菜薹地块里有许多未回收的黑色地膜碎片，当场责令金沙县农业农村局立案查处。

胡继承副厅长一边讲解残膜对土壤和农业生产的危害，教育蔬菜基地负责人要珍惜土地、保护土地，一边带领工作人员手拾地膜碎片，现场清理残膜，身体力行地践行农业生态环境保护工作。

经查，当事人王某在种植红菜薹时，未将上茬作物使用的地膜回收，污染了土壤。当事人认识了自己的错误，已组织人员拾捡残膜。金沙县农业农村局依据《中华人民共和国土壤污染防治法》第八十八条："违反本法规定，农业投入品生产者、销售者、使用者未按照规定及时回收肥料等农业投入品的包装废弃物或者农用薄膜，或者未按照规定及时回收农药包装废弃物交由专门的机构或者组织进行无害化处理的，由地方人民政府农业农村主管部门责令改正，处一万元以上十万元以下的罚款；农业投入品使用者为个人的，可以处二百元以上二千元以下的罚款。"的规定，对当事人处以 800 元的罚款，目前罚款已交清。

二、省外监管处罚案例

案例一

江苏省盐城市响水县一当事人，转包响水县老舍中心社区新舍村 110 亩土地从事农产品生产，未将土地中的农用薄膜回收，而是直接翻耕准备种植西蓝花，致使翻耕田块中夹杂大量废旧地膜碎片，违反了《中华人民共和国土壤污染防治法》第三十条和《农用薄膜管理办法》第十五条的规定。盐城市响水县农业农村局执法人员依据《中华人民共和国土壤污染防治法》第八十八条、《农用薄膜管理办法》第二十四条之规定，责令当事人立即整改，并罚款 1200 元。

案例一来源及原文：

盐城市农业农村局（2021 年 8 月 20 日）

http://snw.yancheng.gov.cn/art/2021/8/20/art_925_3713779.html

江苏首例废旧农膜回收案开出罚单

近日，江苏省首例未按规定回收农用薄膜案罚单在响水县开出，标志着江苏省废旧农膜回收执法工作进入一个新的阶段。

7月26日，江苏省盐城市响水县农业农村局执法人员在废旧地膜回收专项执法检查过程中，发现西蓝花大道老舍中心社区新舍村境内，当事人已耕翻田块土壤中夹杂大量废旧地膜碎片，而当事人使用的并非全生物降解膜。根据《中华人民共和国土壤污染防治法》第三十条第二款"农业投入品生产者、销售者和使用者应当及时回收农药、肥料等农业投入品的包装废弃物和农用薄膜，并将农药包装废弃物交由专门的机构或者组织进行无害化处理"和《农用薄膜管理办法》第十五条"农用薄膜使用者应当在使用期限到期前捡拾田间的非全生物降解农用薄膜废弃物，交至回收网点或回收工作者，不得随意弃置、掩埋或者焚烧"之规定，当事人涉嫌未按规定回收废旧地膜，建议立案查处。据调查，当事人转包响水县老舍中心社区新舍村110亩土地从事农产品生产，未将土地中的农用薄膜回收，而是直接翻耕准备种西蓝花，致使翻耕田块中夹杂大量废旧地膜碎片。依据《中华人民共和国土壤污染防治法》第八十八条、《农用薄膜管理办法》第二十四条之规定，责令当事人立即整改，并罚款1200元。

目前，响水县废旧农膜回收工作进入攻坚克难阶段，正进行全面排查，对相关企业负责人、地膜使用农户进行技术培训，签订地膜使用回收承诺书，并告知《中华人民共和国土壤污染防治法》《农用地膜管理办法》《聚乙烯吹塑农用地面覆盖薄膜》（GB 13735—2017）等相关法律法规和标准文件。县级层面通过加强组织领导、强化政策保障、全面普查摸清现状、积极推广减量技术、加大执法检查力度、开展宣传培训等具体措施，推进废旧农膜回收工作。

案例二

浙江省宁波市象山县茅洋乡花露山村红美人种植户石某，随意将废农膜弃留在河道上。象山县综合行政执法局茅洋中队对石某下发责令改正通知书，要求其限期清理，赴现场进行复查时发现当事人并未整改到位。依据《浙江省农业废弃物处理与利用促进办法》的规定，象山县综合行政执法局对石某作出罚款100元的行政处罚。

案例二来源及原文：

象山县人民政府（2022年4月15日）

http://www.xiangshan.gov.cn/art/2022/4/15/art_1229044846_58975994.html

别让废农膜"流浪"！茅洋中队开出全市首张废农膜弃留罚单

随着地膜覆盖、农业大棚等技术的迅速推广与普及，现代农作物种植产量的提升实现了革命性突破，造福了全人类，但废弃后的旧农膜却化身"白色垃圾"，散落在田间地头，不仅会破坏土壤结构、造成牲畜误食、导致农作物出苗困难，更是影响了环境和美观。

近日，象山县综合行政执法局茅洋中队查处了一起随意将废农膜弃留在河道的违法案件。据悉，这是自2021年8月该执法事项划转至综合行政执法局以来，宁波市开出的首张农业废弃物随意弃留罚单。

3月29日上午，茅洋中队执法队员在巡查至茅洋乡花露山村时，发现管溪中有一张破旧的农膜，河道边也堆放着不少废弃的蛇皮袋等杂物，经过多方走访调查，执法队员找到了违法当事人——红美人种植户石某，并当场下发了责令改正通知书，要求其限期清理。之后，中队又赴现场进行复查，发现当事人并未整改到位，执法队员当即将当事人带回中队进行调查询问。最终，石某被依法给予罚款100元的行政处罚。处罚金额虽然不高，但在一定程度上起到了警示作用。

依据《浙江省农业废弃物处理与利用促进办法》，禁止将秸秆、食用菌菌糠和菌渣以及废农膜等农业废弃物倾倒或者弃留在水库、河道、沟渠中。否则，执法部门可对个人处50元以上500元以下的罚款，对单位处1000元以上1万元以下的罚款。

实际上，废农膜、农药瓶、农药袋等农资废弃物随意倾倒、弃留问题一直长期存在，特别是在农村地区尤为普遍，老百姓对此也习以为常，殊不知这将严重影响生态环境。由于监控设施覆盖不全、老百姓环保意识不强、农资废弃物易被吹散等一系列原因，执法中队一直面临着监管难、取证难、找人难等问题。下一步，中队将加大日常巡查的频次，积极开展入村普法宣传，助力农资废弃物的规范投放和处理。

我县农资废弃物采用"各个乡镇分别收集、农资公司统一转运"的收运方式，最终运往北仑进行无害化处理。在此，执法中队也呼吁广大农户主动将尼龙袋、薄膜、农药瓶等农资废弃物投放至就近的农资废弃物回收中心，共同遏制白色污染、守护美丽家园！

案例三

巴彦淖尔市某农资公司销售厚度、横向拉伸负荷均不符合GB/T 6672—2001、GB/T 1040.3—2006《农用薄膜产品质量监督抽查实施规范》标准的地膜，违反了《中华人民共和国产品质量法》相关规定，乌拉特前旗市场监督管理局依法予以立案调查，在调取多项证据之后，依据《中华人民共和国产品质量法》有关规定给予当事人没收聚乙烯吹塑农用地面覆盖薄膜1001卷，没收违法所得860元，罚款138592.5元的行政处罚。

案例三来源及原文：

腾讯新闻（2022年5月3日）

https://view.inews.qq.com/k/20220503A0970T06?web_channel=wap&openApp=false

没收！罚款！巴彦淖尔一农资公司销售不合格地膜被罚

近日，乌拉特前旗市场监督管理局西小召市场监督管理所执法人员在开展农资市场双随机专项检查时，发现一辆送货车上满载农用地膜，便要求相关人员提供该批农用地膜的检验报告。

因该生产销售商巴彦淖尔市某农业生产资料有限公司无法提供检验报告，为防止农民买到不合格地膜影响收成、破坏生态，该所执法人员将该批地膜采取先行登记保存措施，并进行了抽样送检。检测结果是，该批地膜的厚度、横向拉伸负荷均不符合

GB/T 6672—2001、GB/T 1040.3—2006《农用薄膜产品质量监督抽查实施规范》标准，检验结论为不合格，该所对上述不合格地膜随即实施了扣押措施。上述行为违反了《中华人民共和国产品质量法》有关规定，构成了生产、销售国家明令淘汰的不合格产品违法行为，事关广大农牧民的利益，旗市场监督管理局对此依法予以立案调查。并在调取多项证据之后，依据《中华人民共和国产品质量法》有关规定给予当事人没收聚乙烯吹塑农用地面覆盖薄膜 1001 卷，没收违法所得 860 元，罚款 138592.5 元的行政处罚。

参考文献

陈维林,林叶春,高维常,等,2018.烤烟杯罩移栽对井窖环境水热和烟苗生长的影响 [J]. 中国烟草学报,24(1):53–59.

高维常,赵中汇,罗井请,等,2017.全生物降解地膜的降解效果及其对烤烟产质量的影响 [J]. 贵州农业科学,45(3): 23–27.

马明生,郭贤仕,柳燕兰,2020.全生物降解地膜覆盖对旱地土壤水分状况及春小麦产量和水分利用效率的影响 [J]. 作物学报,46(12): 1933–1944.

宁平,蒋文举,张承中,等,2007.固体废物处理与处置 [M]. 北京 : 高等教育出版社 .

袁寅强,杨旭,2021.我国生活垃圾焚烧发电技术现状及展望 [J]. 节能技术 (3):285–288.

张万仓,张博芳,2014.村镇垃圾综合分选处理的技术方案 [J]. 城乡建设 (12):78–80.

张文峰,2002.淀粉 / 聚己内酯可生物降解塑料的研究 [D]. 长沙 : 国防科学技术大学 .

赵少婷,韩艳妮,2021.废旧农膜回收利用的实践与对策研究 [J]. 中国农技推广 (1):25–28.

赵岩,杨崇山,刘向新,等,2021.农业残膜回收及加工再处理技术 [J]. 新疆农机化 (4): 28–30, 32.

附　录

附录 1

政策文件时间序列图

国家（部门）政策文件　　国家法律法规　　国家"十四五"规划与方案　　贵州"十四五"规划与方案　　贵州省级政策文件

国家法律法规

- 《中华人民共和国环境保护法》 1989年
- 《中华人民共和国农业法》 1993年
- 《中华人民共和国产品质量法》
- 《中华人民共和国固体废物污染环境防治法》 1996年
- 《中华人民共和国清洁生产促进法》 2003年
- 《中华人民共和国农产品质量安全法》 2006年
- 《中华人民共和国循环经济促进法》 2009年
- 《中华人民共和国土壤污染防治法》 2019年

国家"十四五"规划与方案

- 《国务院关于印发"十四五"推进农业农村现代化规划的通知》（国发〔2021〕25号）
- 《农业农村部 国家发展改革委 科技部 自然资源部 生态环境部 国家林草局关于印发〈"十四五"全国农业绿色发展规划〉的通知》（农规发〔2021〕8号）
- 《农业农村部关于印发〈"十四五"全国农业农村科技发展规划〉的通知》（农科教〔2021〕13号）
- 《"十四五"全国农业绿色发展规划》
- 《"十四五"全国农业农村科技发展规划》
- 《生态环境部 国家发展改革委员会 财政部 自然资源部 住房城乡建设部 水利部 农业农村部关于印发〈"十四五"土壤、地下水和农业农村生态环境保护规划〉的通知》（环土壤〔2021〕120号）
- 《国家发展改革委 生态环境部关于印发〈"十四五"塑料污染治理行动方案〉的通知》（发改环资〔2021〕1298号）

国家（部门）政策文件

- 《国务院关于进一步加强环境保护工作的决定》 1990年
- 《国务院关于环境保护若干问题的决定》 1996年
- 《中华人民共和国国民经济和社会发展第十一个五年规划纲要》 2006年
- 《关于进一步加强农村环境保护工作的意见》 2011年
- 《关于做好农业农村技术/广工作的通知》 2014年
- 《关于对农业面源污染治理攻坚战实施意见》 2015年
- 《国务院关于印发土壤污染防治行动计划的通知》 2016年
- 《农业部关于印发〈农膜回收行动方案〉的通知》（农科教〔2017〕8号）2017年
- 《农用薄膜管理办法（2017年本）》
- 《中共中央 国务院关于全面加强生态环境保护 坚决打好污染防治攻坚战的意见》 2018年
- 《生态环境部 农业农村部关于深化农村污染治理攻坚战行动计划的通知》（环土壤〔2018〕143号）
- 《农业农村部 国家发展改革委 工业和信息化部 财政部 生态环境部关于印发加快推进农用地膜污染防治实施意见的通知》（农科教〔2019〕1号）2019年
- 《农业农村部办公厅关于做好农业生态环境监测工作的通知》（农办科〔2019〕25号）2020年

贵州省级政策文件

- 《省人民政府办公厅关于加快推进农业绿色发展的实施意见》（黔府办发〔2018〕38号）
- 《贵州省生态环境厅 贵州省农业农村厅关于印发实施〈贵州省农业农村污染治理攻坚战行动计划实施方案〉的通知》（黔环通〔2018〕328号）
- 《关于加强春耕期间地膜回收利用工作的通知》
- 《贵州省农业农村厅 省发展改革委 省工业和信息化厅 省财政厅 省生态环境厅关于印发加快推进贵州省农用地膜污染防治的实施意见的通知》（黔农发〔2020〕41号）
- 《省农业农村厅 省市场监督管理局联合印发关于开展农用地膜专项整治行动的通知》
- 《省发展改革委 省生态环境厅关于印发〈贵州省加强塑料污染治理的实施方案〉的通知》（黔发改环〔2020〕738号）

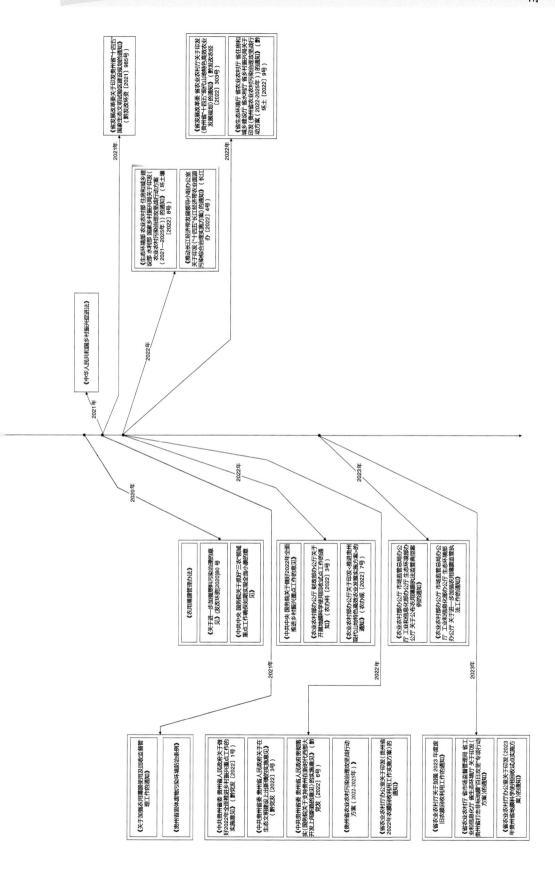

附录2

农用薄膜管理办法

中华人民共和国农业农村部　工业和信息化部　生态环境部　国家市场监管总局令
2020 年第 4 号

第一章　总则

第一条　为了防治农用薄膜污染，加强农用薄膜监督管理，保护和改善农业生态环境，根据《中华人民共和国土壤污染防治法》等法律、行政法规，制定本办法。

第二条　本办法所称农用薄膜，是指用于农业生产的地面覆盖薄膜和棚膜。

第三条　农用薄膜的生产、销售、使用、回收、再利用及其监督管理适用本办法。

第四条　地方各级人民政府依法对本行政区域农用薄膜污染防治负责，组织、协调、督促有关部门依法履行农用薄膜污染防治监督管理职责。

第五条　县级以上人民政府农业农村主管部门负责农用薄膜使用、回收监督管理工作，指导农用薄膜回收利用体系建设。

县级以上人民政府工业和信息化主管部门负责农用薄膜生产指导工作。

县级以上人民政府市场监管部门负责农用薄膜产品质量监督管理工作。

县级以上生态环境主管部门负责农用薄膜回收、再利用过程环境污染防治的监督管理工作。

第六条　禁止生产、销售、使用国家明令禁止或者不符合强制性国家标准的农用薄膜。鼓励和支持生产、使用全生物降解农用薄膜。

第二章　生产、销售和使用

第七条　农用薄膜生产者应当落实国家关于农用薄膜行业规范的要求，执行农用薄膜相关标准，确保产品质量。

第八条　农用薄膜生产者应当在每卷地膜、每延米棚膜上添加可辨识的企业标识，便于产品追溯和市场监管。

第九条　农用薄膜生产者应当依法建立农用薄膜出厂销售记录制度，如实记录农用薄膜的名称、规格、数量、生产日期和批号、产品质量检验信息、购货人名称及其联系方式、销售日期等内容。出厂销售记录应当至少保存两年。

第十条　出厂销售的农用薄膜产品应当依法附具产品质量检验合格证，标明推荐使用时间等内容。

农用薄膜应当在合格证明显位置标注"使用后请回收利用，减少环境污染"中文字样。全生物降解农用薄膜应当在合格证明显位置标注"全生物降解薄膜，注意使用条件"中文字样。

第十一条　农用薄膜销售者应当查验农用薄膜产品的包装、标签、质量检验合格证，不得采购和销售未达到强制性国家标准的农用薄膜，不得将非农用薄膜销售给农用薄膜使用者。

农用薄膜销售者应当依法建立销售台账，如实记录销售农用薄膜的名称、规格、数量、生产者、生产日期和供货人名称及其联系方式、进货日期等内容。销售台账应当至少保存两年。

第十二条　农用薄膜使用者应当按照产品标签标注的期限使用农用薄膜。农业生产企业、农民专业合作社等使用者应当依法建立农用薄膜使用记录，如实记录使用时间、地点、对象以及农用薄膜名称、用量、生产者、销售者等内容。农用薄膜使用记录应当至少保存两年。

第十三条　县级以上人民政府农业农村主管部门应当采取措施，加强农用薄膜使用控制，开展农用薄膜适宜性覆盖评价，为农用薄膜使用者提供技术指导和服务，鼓励农用薄膜覆盖替代技术和产品的研发与示范推广，提高农用薄膜科学使用水平。

第三章　回收和再利用

第十四条　农用薄膜回收实行政府扶持、多方参与的原则，各地要采取措施，鼓励、支持单位和个人回收农用薄膜。

第十五条　农用薄膜使用者应当在使用期限到期前捡拾田间的非全生物降解农用薄膜废弃物，交至回收网点或回收工作者，不得随意弃置、掩埋或者焚烧。

第十六条　农用薄膜生产者、销售者、回收网点、废旧农用薄膜回收再利用企业或其他组织等应当开展合作，采取多种方式，建立健全农用薄膜回收利用体系，推动废旧农用薄膜回收、处理和再利用。

第十七条　农用薄膜回收网点和回收再利用企业应当依法建立回收台账，如实记录废旧农用薄膜的重量、体积、杂质、缴膜人名称及其联系方式、回收时间等内容。回收台账应当至少保存两年。

第十八条　鼓励研发、推广农用薄膜回收技术与机械，开展废旧农用薄膜再利用。

第十九条　支持废旧农用薄膜再利用企业按照规定享受用地、用电、用水、信贷、税收等优惠政策，扶持从事废旧农用薄膜再利用的社会化服务组织和企业。

第二十条　农用薄膜回收再利用企业应当依法做好回收再利用厂区和周边环境的环境保护工作，避免二次污染。

第四章　监督检查

第二十一条　建立农用薄膜残留监测制度，县级以上地方人民政府农业农村主管部门应当定期开展本行政区域的农用薄膜残留监测。

第二十二条 建立农用薄膜市场监管制度，县级以上地方人民政府市场监管部门应当定期开展本行政区域的农用薄膜质量监督检查。

第二十三条 生产、销售农用薄膜不符合强制性国家标准的，依照《中华人民共和国产品质量法》等法律、行政法规的规定查处，依法依规记入信用记录并予以公示。

政府招标采购的农用薄膜应当符合强制性国家标准，依法限制失信企业参与政府招标采购。

第二十四条 农用薄膜生产者、销售者、使用者未按照规定回收农用薄膜的，依照《中华人民共和国土壤污染防治法》第八十八条规定处罚。

第五章 附则

第二十五条 本办法自 2020 年 9 月 1 日起施行。

附录3

ICS 83.140.10
Y 28

中华人民共和国国家标准

GB 13735—2017
代替 GB 13735—1992

聚乙烯吹塑农用地面覆盖薄膜

Polyethylene blown mulch film for agricultural uses

2017-10-14 发布

2018-05-01 实施

中华人民共和国国家质量监督检验检疫总局
中国国家标准化管理委员会　发 布

前　言

本标准第 5 章的 5.1 和 5.5 为强制性的，其余为推荐性的。

本标准按照 GB/T 1.1—2009 给出的规则起草。

本标准代替 GB 13735—1992《聚乙烯吹塑农用地面覆盖薄膜》，与 GB 13735—1992 相比，除编辑性修改外，主要变化如下：

——修改了适用范围（见第 1 章）；

——修改了分类（见第 3 章，1992 年版的第 3 章）；

——增加了厚度和覆盖使用时间（见第 4 章）；

——删除了等级（见 1992 年版的表 2、表 3、表 5、表 6、表 7）；

——增加了标称厚度的要求（见 5.1.1）；

——修改了厚度偏差（见 5.1，1992 年版的 4.2.1）；

——修改了宽度偏差（见 5.2，1992 年版的 4.2.2）；

——修改了每卷净质量偏差（见 5.3，1992 年版的 4.2.3）；

——修改了外观（见 5.4，1992 年版的 4.3）；

——修改了力学性能指标（见 5.5，1992 年版的 4.4）；

——修改了耐候性能（见 5.6，1992 年版的 4.4）；

——修改了拉伸负荷和断裂标称应变的试验方法（见 6.7，1992 年版的 5.6）；

——修改了耐候性能的试验方法（见 6.9，1992 年版的 5.8）；

——修改了检验规则（见第 7 章，1992 年版的第 6 章）；

——修改了标志、包装、运输和贮存（见第 8 章，1992 年版的第 7 章）。

本标准由工业和信息化部提出并归口。

本标准起草单位：大连塑料研究所有限公司、白山市喜丰塑业有限公司、中国农业科学院农业环境与可持续发展研究所、中国农业科学院烟草研究所、安徽华驰塑业有限公司、甘肃福雨塑业有限责任公司、甘肃济洋塑料有限公司、甘肃天宝塑业有限责任公司、浙江省杭州新光塑料有限公司、北京华盾雪花塑料集团有限责任公司、山东清田塑工有限公司、玉溪市旭日塑料有限责任公司、南雄市金叶包装材料有限公司、四川省犍为罗城忠烈塑料有限责任公司、天津市天塑科技集团有限公司第二塑料制品厂、河南省银丰塑料有限公司、山东天壮环保科技有限公司、新疆天业股份有限公司、北京天罡助剂有限责任公司、北京市塑料制品质量监督检验站、轻工业塑料加工应用研究所。

本标准主要起草人：李炳君、彭永杰、卢伟东、秦立洁、王智勤、汪纯球、姜世华、陈二虎、靳树伟、汪振球、杨渝、尹君华、陈鹏元、孙美菊、周经纶、李忠烈、赵莉、朱吴兰、李田华、何文清、刘新民。

本标准所代替标准的历次版本发布情况为：

——GB 13735—1992。

聚乙烯吹塑农用地面覆盖薄膜

1 范围

本标准规定了聚乙烯吹塑农用地面覆盖薄膜（以下简称地膜）的分类、标称厚度和覆盖使用时间、要求、试验方法、检验规则、标志、包装、运输和贮存。

本标准适用于以聚乙烯为主要原料，可加入必要助剂用吹塑法生产的用于地面覆盖的薄膜。

本标准不适用于可降解性地膜。

2 规范性引用文件

下列文件对于本文件的应用是必不可少的。凡是注日期的引用文件，仅注日期的版本适用于本文件。凡是不注日期的引用文件，其最新版本（包括所有的修改单）适用于本文件。

GB/T 1040.1—2006　塑料　拉伸性能的测定　第 1 部分：总则

GB/T 1040.3—2006　塑料　拉伸性能的测定　第 3 部分：薄膜和薄片的试验条件

GB/T 2828.1—2012　计数抽样检验程序　第 1 部分：按接收质量限（AQL）检索的逐批检验抽样计划

GB/T 2918—1998　塑料试样状态调节和试验的标准环境

GB/T 6672—2001　塑料薄膜和薄片厚度测定　机械测量法

GB/T 6673—2001　塑料薄膜和薄片长度和宽度的测定

GB/T 16422.1—2006　塑料　实验室光源暴露试验方法　第 1 部分：总则

GB/T 16422.2—2014　塑料　实验室光源暴露试验方法　第 2 部分：氙弧灯

QB/T 1130—1991　塑料直角撕裂性能试验方法

3 分类

地膜按覆盖使用时间分为两类：Ⅰ类为耐老化地膜；Ⅱ类为普通地膜。

4 标称厚度和覆盖使用时间

地膜的标称厚度和覆盖使用时间见表 1。

表 1　标称厚度和覆盖使用时间

类别	标称厚度 /mm	覆盖使用时间 /d
Ⅰ	0.010、0.012、0.014、0.015、0.016、0.018、0.020、0.025	≥ 180
Ⅱ	0.010、0.012、0.014、0.015、0.016、0.018、0.020、0.025、0.030	≥ 60

5 要求

5.1 厚度和厚度偏差

5.1.1 厚度

地膜的最小标称厚度不得小于 0.010 mm。

5.1.2 厚度偏差

厚度极限偏差和平均厚度偏差应符合表 2 要求。

表 2　厚度极限偏差和平均厚度偏差

标称厚度 d_0/mm	极限偏差 /mm	平均厚度偏差 /%
$0.010 \leqslant d_0 < 0.015$	+0.003 −0.002	
$0.015 \leqslant d_0 < 0.020$	+0.004 −0.003	+15 −12
$0.020 \leqslant d_0 < 0.025$	+0.005 −0.004	
$0.025 \leqslant d_0 \leqslant 0.030$	+0.006 −0.005	

5.2 宽度极限偏差

宽度极限偏差应符合表 3 要求。

表 3　宽度极限偏差　　　　　　　单位：mm

标称宽度 w	极限偏差
$w \leqslant 800$	+30 −10
$800 < w \leqslant 1500$	+40 −10
$1500 < w \leqslant 3000$	+50 −10
$3000 < w \leqslant 5000$	+80 −20
$w > 5000$	+100 −20

5.3 净质量极限偏差

每卷净质量极限偏差应符合表 4 要求。

表 4　净质量极限偏差　　　　　　　　　　　　　　　　　　单位：kg

每卷标称净质量 m_0	极限偏差
$m_0 \leqslant 10$	+0.25
	−0.10
$10 < m_0 \leqslant 15$	+0.30
	−0.10
$m_0 > 15$	+0.30
	−0.15

5.4 外观

地膜不应有影响使用的气泡、杂质、条纹、穿孔、褶皱等缺陷。

膜卷应卷绕整齐，不应有明显的暴筋。

错位宽度、每卷段数和每段长度应符合表 5 要求。

表 5　膜卷要求

项目	要求
错位宽度 [a] /mm	≤ 30
每卷段数 / 段	≤ 2
每段长度 /m	≥ 100

[a] 错位宽度：单层卷绕为膜卷宽度与膜的公称宽度之差；双层卷绕为膜卷宽度与膜的折径宽度之差。

5.5 力学性能

力学性能指标应符合表 6 要求。

表 6　力学性能指标

项目	要求		
	$0.010\text{ mm} \leqslant d_0 < 0.015\text{ mm}$	$0.015\text{ mm} \leqslant d_0 < 0.020\text{ mm}$	$0.020\text{ mm} \leqslant d_0 < 0.030\text{ mm}$
拉伸负荷（纵、横向）/N	≥ 1.6	≥ 2.2	≥ 3.0
断裂标称应变（纵、横向）/%	≥ 260	≥ 300	≥ 320
直角撕裂负荷（纵、横向）/N	≥ 0.8	≥ 1.2	≥ 1.5

5.6 耐候性能

Ⅰ类地膜老化后纵向断裂标称应变保留率应不小于 50%。

6 试验方法

6.1 试样

从完好的膜卷外端先剪去不少于 2 m，再裁取长度不少于 1 m 的地膜试样进行试验。

6.2 试验状态调节和试验的标准环境

试样的状态调节应按 GB/T 2918—1998 规定进行，温度为（23±2）℃，调节时间不少于 4 h，6.3、6.4、6.7、6.8、6.9 的试验应在此条件下进行。

6.3 厚度和厚度偏差

厚度按 GB/T 6672—2001 的规定进行测量，按式（1）计算厚度极限偏差，按式（2）计算平均厚度偏差。

$$\Delta d = d_{\text{max 或 min}} - d_0 \tag{1}$$

式中：

Δd ——厚度极限偏差，单位为毫米（mm）；

$d_{\text{max 或 min}}$ ——实测最大或最小厚度，单位为毫米（mm）；

d_0 ——标称厚度，单位为毫米（mm）。

$$d = \frac{d_n - d_0}{d_0} \times 100 \tag{2}$$

式中：

d ——平均厚度偏差，%；

d_n ——平均厚度，单位为毫米（mm）；

d_0 ——标称厚度，单位为毫米（mm）。

6.4 宽度极限偏差

按 GB/T 6673—2001 的规定进行，用精度为 1 mm 的卷尺或钢直尺进行测量，按式（3）计算宽度极限偏差。

$$\Delta w = w_{\text{max 或 min}} - w \tag{3}$$

式中：

Δw ——宽度极限偏差，单位为毫米（mm）；

$w_{\text{max 或 min}}$ ——实测最大或最小宽度，单位为毫米（mm）；

w ——标称宽度，单位为毫米（mm）。

6.5 净质量偏差

用感量 50 g 的量具称量，按式（4）计算每卷净质量偏差。

$$\Delta m = m - m_0 \tag{4}$$

式中：

Δm ——每卷净质量偏差，单位为千克（kg）；

m ——实测每卷净质量，单位为千克（kg）；

m_0 ——每卷标称净质量，单位为千克（kg）。

6.6 外观

地膜取 1 m² 试样在自然光下目测。

膜卷现场观察与测量。

6.7　拉伸负荷和断裂标称应变

按 GB/T 1040.1—2006 和 GB/T 1040.3—2006 规定进行试验，采用 2 型试样，试样宽度为 10 mm，夹具间初始距离 50 mm，试验速度（500±50）mm/min，拉伸至试样断裂，测出最大拉伸负荷，精确到 0.01 N。

断裂标称应变按式（5）计算：

$$\varepsilon = \frac{\Delta L}{L} \times 100 \tag{5}$$

式中：

ε ——断裂标称应变，%；

ΔL ——夹具间距离的增量，单位为毫米（mm）；

L ——夹具间的初始距离，单位为毫米（mm）。

6.8　直角撕裂负荷

按 QB/T 1130—1991 规定进行试验，单片试样测试，精确到 0.1 N。

6.9　耐候性能

6.9.1　试验设备和试样制备应符合 GB/T 16422.1—2006 的规定，暴露的样片数量和尺寸视老化设备的夹具尺寸而定，暴露后的试验用样条数量不应少于 10 个。样片沿地膜纵向在有效的暴露部位按图 1 所示裁成 10 mm 宽的条，暴露试验完成后取下样片，剪下单个样条进行测试。试样的纵向初始断裂标称应变和暴露 t 小时后的纵向断裂标称应变按 6.7 规定测试，取算术平均值。

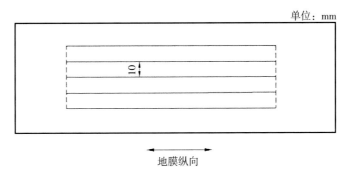

单位：mm

图 1　暴露样片示意

6.9.2　试验方法应符合 GB/T 16422.2—2014 的规定，辐照方式采用方法 A，辐照度为窄带（340 nm）0.51 W/（$m^2 \cdot nm$），温度控制采用黑标温度计，暴露循环采用循环序号 1，Ⅰ类地膜试验持续时间 600 h。

断裂标称应变保留率按式（6）计算：

$$R = \frac{\overline{\varepsilon}_t}{\overline{\varepsilon}_0} \times 100 \tag{6}$$

式中：

R ——断裂标称应变保留率，%；

$\bar{\varepsilon}_t$ ——暴露 t 小时后的平均断裂标称应变，%；

$\bar{\varepsilon}_0$ ——初始平均断裂标称应变，%。

7 检验规则

7.1 组批

以批为单位进行验收，同一配方、同一工艺条件、同一规格连续生产的产品 50 t 为一批，如果连续生产一周，产量不足 50 t，以一周产量为一批。

7.2 抽样

7.2.1 厚度、厚度极限偏差、宽度极限偏差、每卷净质量极限偏差、外观

按 GB/T 2828.1—2012 规定的正常检验一次抽样方案，采用一般检查水平 I，接收质量限（AQL）6.5，见表 7。每卷地膜为一个样本单位。

表 7　抽样方案   单位：卷

批量	样本量	接收数 Ac	拒收数 Re
2～25	2	0	1
26～150	8	1	2
151～280	13	2	3
281～500	20	3	4
501～1200	32	5	6
1201～3200	50	7	8
3201～10000	80	10	11
10001～35000	125	14	15

7.2.2 平均厚度偏差、力学性能

从 7.2.1 检验合格的每批样本中随机抽取一个样本进行试验。

7.3 出厂检验

出厂检验项目为 5.1、5.2、5.3、5.4、5.5。

7.4 型式检验

型式检验项目为第 5 章的全部项目，人工气候老化性能每五年进行一次检验。

下列情况之一时，应进行型式检验：

a）新产品或老产品转厂生产的试制定型鉴定；

b）正式生产后，如结构、原料、工艺有较大改变，考核对产品性能影响时；

c）正常生产过程中，定期或积累一定产量后，周期性地进行一次检验，考核产品质量稳定性时；

d）产品长期停产后，恢复生产时；

e）出厂检验结果与前次型式检验结果有较大差异时；

f）国家质量监督机构提出进行型式检验的要求时。

7.5 判定规则

厚度极限偏差、宽度极限偏差、净质量偏差、外观应按表7规定进行判定。

厚度平均偏差和力学性能检验结果中如有不合格项，则应从该批中抽取双倍样，对不合格项进行复验，仍有不合格项，则该批产品为不合格。

8　标志、包装、运输和贮存

8.1 标志

8.1.1　每卷地膜均应附有产品合格证，内容包括：产品名称、类别、标称厚度、宽度、参考长度、净质量、生产日期、生产厂名称、生产厂地址、执行标准、检验员印章。

8.1.2　产品合格证上应在明显的位置标有"使用后请回收利用，减少环境污染"的字样。

8.2 包装

膜卷用薄膜、牛皮纸或编织袋包装。如有特殊要求，由供需双方商定。

8.3 运输

运输时应防止机械碰撞和日晒雨淋。

8.4 贮存

产品应存放在清洁、阴凉的库房内，堆放整齐，离热源不少于2 m，严禁暴晒，产品贮存期自生产日期起不宜超过18个月，超过贮存期，经检验合格方可销售。

附录4

ICS 83.080.01
Y 28

中华人民共和国国家标准

GB/T 35795—2017

全生物降解农用地面覆盖薄膜

Biodegradable mulching film for agricultural uses

2017-12-29 发布　　　　　　　　　　　　2018-07-01 实施

中华人民共和国国家质量监督检验检疫总局
中国国家标准化管理委员会　发布

前 言

本标准按照 GB/T 1.1—2009 给出的规则起草。

请注意本文件的某些内容可能涉及专利。本文件的发布机构不承担识别这些专利的责任。

本标准由全国生物基材料及降解制品标准化技术委员会（SAC/TC 380）提出并归口。

本标准起草单位：杭州鑫富科技有限公司、北京工商大学、新疆生产建设兵团农业技术推广总站、武汉华丽生物股份有限公司、金发科技股份有限公司、浙江南益生物科技有限公司、重庆市联发塑料科技股份有限公司、深圳市虹彩新材料科技有限公司、深圳万达杰环保新材料股份有限公司、江苏中科金龙化工有限公司、南通龙达生物新材料科技有限公司、安徽华驰塑业有限公司、山东天野生物降解新材料科技有限公司、玉溪市旭日塑料有限责任公司、巴斯夫（中国）有限公司、新疆蓝山屯河化工股份有限公司、金晖兆隆高新科技股份有限公司、新疆康润洁环保科技股份有限公司、吉林中粮生物材料有限公司、四川大学、清华大学、吉林省瑞尔生物环保科技有限公司、秦皇岛龙骏环保实业发展有限公司、南阳中聚天冠低碳科技有限公司、上海弘睿生物科技有限公司、杨凌瑞丰环保科技有限公司、兰州鑫银环橡塑制品有限公司、苏州普利金新材料有限公司。

本标准主要起草人：翁云宣、戴清文、王林、许国志、张立斌、黄健、应高波、周久寿、陈晓江、魏文昌、徐坤、张春华、汪纯球、宣兆志、王明显、沈哲翠、丁建萍、李雅娟、孔立明、生刚、佟毅、王玉忠、郭宝华、孙树凤、支朝晖、陈红胜、徐友利、王治、秦文生、宗敬东。

全生物降解农用地面覆盖薄膜

1 适用范围

本标准规定了农业中使用的全生物降解地面覆盖薄膜的要求、试验方法、检验规则、标志、包装、运输和贮存等。

本标准适用于以具有完全生物解特性的脂肪族聚酯、脂肪族–芳香族共聚酯、二氧化碳–环氧化合物共聚物以及其他可生物降解聚合物中的一种或者多种树脂为主要成分，允许在配方中加入适当比例的淀粉、纤维素等可生物降解的天然高分子材料以及其他无环境危害的无机填充物、功能性助剂，通过采用吹塑或流延等工艺生产的农业用地面覆盖薄膜。

2 规范性引用文件

下列文件对于本文件的应用是必不可少的。凡是注日期的引用文件，仅注日期的版本适用于本文件。凡是不注日期的引用文件，其最新版本（包括所有的修改单）适用于本文件

GB/T 1037 塑料薄膜和片材透水蒸气性试验方法 杯式法

GB/T 1040.1 塑料 拉伸性能的测定 第 1 部分：总则

GB/T 1040.3 塑料 拉伸性能的测定 第 3 部分：薄膜和薄片的试验条件

GB/T 2828.1 计数抽样检验程序 第 1 部分：按接受质量限（AQL）检索的逐批检验抽样计划

GB/T 2918 塑料试样状态调节和试验的标准环境

GB/T 6672 塑料薄膜和薄片厚度测定 机械测量法

GB/T 6673 塑料薄膜和薄片长度和宽度的测定

GB/T 15337 原子吸收光谱分析法通则

GB/T 16422.1 塑料实验室光源暴露试验方法 第 1 部分：总则

GB/T 16422.2—2014 塑料实验室光源暴露试验方法 第 2 部分：氙弧灯

GB/T 19276.1 水性培养液中材料最终需氧生物分解能力的测定 采用测定密闭呼吸计中需氧量的方法

GB/T 19276.2 水性培养液中材料最终需氧生物分解能力的测定 采用测定释放的二氧化碳的方法

GB/T 19277.1 受控堆肥条件下材料最终需氧生物分解能力的测定 采用测定释放的二氧化碳的方法 第 1 部分：通用方法

GB/T 19277.2 受控堆肥条件下材料最终需氧生物分解能力的测定 采用测定释放的二氧化碳的方法 第 2 部分：用重量分析法测定实验室条件下二氧化碳的释放量

GB/T 22047　土壤中塑料材料最终需氧生物分解能力的测定　采用测定密闭呼吸计中需氧量或测定释放的二氧化碳的方法

QB/T 1130　塑料直角撕裂性能试验方法

3　术语和定义

下列术语和定义适用于本文件。

3.1　生物降解材料 biodegradable materials

在自然界如土壤和 / 或沙土等条件下，和 / 或特定条件如堆肥化条件下或厌氧消化条件下或水性培养液中，由自然界存在的微生物作用引起降解，并最终完全降解变成二氧化碳（CO_2）或 / 和甲烷（CH_4）、水（H_2O）及其所含元素的矿化无机盐以及新的生物质的材料。

3.2　全生物降解农用地面覆盖薄膜 biodegradable mulching film for agricultural uses，生物降解农用地膜 biodegradable mulching film

以生物降解材料为主要原料制备的，用于农作物种植时土壤表面覆盖的、具有生物降解性能的薄膜。

注：生物降解农用地膜一般具有土壤增温；限制水分蒸发；维持土壤的湿度；抑制杂草的生长（特别是所使用的覆盖薄膜产品为黑色膜或者非透明膜时）；抑制矿物元素的浸滤；避免残余薄膜破碎物对土壤毛细结构的破坏；抑制土壤板结；降解后对土壤与作物无毒、无害等作用。

3.3　生物降解农用地膜有效使用寿命 effective service life of biodegradable mulching film

生物降解农用地膜在铺膜作业开始到出现影响保温、保墒作用时的总天数。

注：有效使用寿命与生物降解农用地面覆盖薄膜本身材料有关，也与作业当地气候、日常时间、土壤、海拔高度、作物、作业方式等有关，生物降解农用地面覆盖薄膜所标识的有效使用寿命由供需双方协定。

4　生物降解农用地膜分类

4.1　按薄膜水蒸气透过量分类

不同作物对薄膜水蒸气透过量要求不同，按照产品水蒸气透过量不同，分为 A、B、C 三类生物降解农用地膜。

4.2　按使用寿命周期分类

不同气候条件区、不同作物对薄膜覆盖时间的要求不同，按照产品在覆盖中的有效使用寿命长短，将生物降解农用地膜分为 Ⅰ 、Ⅱ 、Ⅲ 、Ⅳ类，见表1。

表 1　生物降解农用地膜分类

分类	有效使用寿命 /d
Ⅰ	≤ 60
Ⅱ	> 60 ～ ≤ 90
Ⅲ	> 90 ～ ≤ 120
Ⅳ	> 120

5　技术要求

5.1　规格

5.1.1　厚度及偏差

厚度及偏差应符合表 2 的规定。

表 2　厚度及偏差

公称厚度 d_0/mm	极限偏差 /mm	平均偏差 /%
$d_0 < 0.010$	±0.003	+15 −12
$0.010 \leqslant d_0 < 0.015$	±0.003	
$d_0 \geqslant 0.015$	+0.003 −0.002	

注：允许有 20% 的测量点超过对应厚度的极限偏差 ±0.001 mm。

5.1.2　宽度极限偏差

宽度极限偏差应符合表 3 规定。

表 3　宽度极限偏差

公称宽度 w/mm	极限偏差 /mm
$w \leqslant 800$	+25 −10
$800 < w < 1500$	+40 −10
$\geqslant 1500$	+50 −10

5.1.3　每卷净质量极限偏差

每卷净质量极限偏差应符合表 4 规定。

表 4　每卷净质量极限偏差

每卷公称净质量 m_0/kg	极限偏差 /kg
$m_0 \leqslant 10.00$	+0.20
	−0.15
$10.00 < m_0 \leqslant 15.00$	+0.25
	−0.15
$m_0 > 15.00$	+0.30
	−0.15

5.2　外观

不允许有影响使用的气泡、斑点、折褶、杂质和针孔等缺陷，对不影响使用的缺陷不得超过 20 个 /100 cm²。

膜卷卷取平整，不许有明显的暴筋。膜卷宽度与膜的公称宽度相差的卷取错位宽度及其他要求应符合表 5 规定。

表 5　膜卷要求

项目	膜卷
错位宽度 /mm	≤ 30
每卷段数 / 段	≤ 2
每段长度 /m	≥ 100

5.3　力学性能

生物降解农用地膜力学性能应符合表 6 的要求。

表 6　力学性能指标

项目	指标		
	$d_0 < 0.010$ mm	0.010 mm $\leqslant d_0 < 0.015$ mm	$d_0 \geqslant 0.015$ mm
拉伸负荷（纵、横向）/N	≥ 1.50	≥ 2.00	≥ 2.20
断裂标称应变（纵向）/%	≥ 150	≥ 150	≥ 200
断裂标称应变（横向）/%	≥ 250	≥ 250	≥ 280
直角撕裂负荷（纵横向）/N	≥ 0.50	≥ 0.80	≥ 1.20

5.4　水蒸气透过量

水蒸气透过量将影响地膜的保墒性能。生物降解农用地膜的水蒸气透过量应符合表 7 的要求。

表 7　水蒸气透过量要求

分类	水蒸气透过量 / [g/ (m² · 24 h)]
A	＜ 800
B	800 ～ 1600
C	≥ 1600

5.5 产品中重金属含量

生物降解农用地膜重金属含量要求见表 8。

表 8　重金属含量要求

重金属	限量 / (mg/kg)
砷（As）	≤ 5
镉（Cd）	≤ 0.5
钴（Co）	≤ 38
铬（Cr）	≤ 50
铜（Cu）	≤ 50
镍（Ni）	≤ 25
钼（Mo）	≤ 1
铅（Pb）	≤ 50
硒（Se）	≤ 0.75
锌（Zn）	≤ 150
汞（Hg）	≤ 0.5
氟（F）	≤ 100

5.6 生物降解性能

生物降解农用地膜生物降解性能应符合以下要求：

a）有机成分应 ≥ 51%；

b）相对生物分解率应 ≥ 90%。

5.7 人工气候老化性能

生物降解农用地膜老化后断裂标称应变要求应符合表 9 的规定。

表 9　老化后断裂标称应变要求

分类	老化 100 h 后断裂标称应变 /%	
	纵向	横向
Ⅰ	≥ 50	≥ 50
Ⅱ	≥ 80	≥ 100

分类	老化 100 h 后断裂标称应变 /%	
	纵向	横向
Ⅲ	≥ 100	≥ 150
Ⅳ	≥ 120	≥ 200

6　试验方法

6.1　试样

从完好的生物降解农用地膜膜卷外端先剪去 10 m，再裁取长度不少于 1 m 的生物降解农用地膜试样进行试验。

6.2　试验状态调节和试验的标准环境

试样的状态调节应按 GB/T 2918 规定进行，温度为 23 ℃ ±2 ℃调节时间不少于4 h，并在此条件下进行试验，外观、净质量偏差除外。

6.3　厚度偏差

按 GB/T 6672 规定，用精度为 0.001 mm 的测厚仪进行测量，按式（1）计算厚度极限偏差，按式（2）计算平均厚度偏差。

$$\Delta d = d_{\text{max 或 min}} - d_0 \tag{1}$$

式中：

Δd——厚度极限偏差，单位为毫米（mm）；

$d_{\text{max 或 min}}$——实测最大或最小厚度，单位为毫米（mm）；

d_0——公称厚度，单位为毫米（mm）。

$$d = \frac{d_n - d_0}{d_0} \times 100 \tag{2}$$

式中：

d——平均厚度偏差，%；

d_n——平均厚度，单位为毫米（mm）；

d_0——公称厚度，单位为毫米（mm）。

6.4　宽度极限偏差

按 GB/T 6673 规定，用精度为 1 mm 的卷尺或钢直尺进行测量，按式（3）计算宽度极限偏差。

$$\Delta w = w_{\text{max 或 min}} - w \tag{3}$$

式中：

Δw——宽度极限偏差，单位为毫米（mm）；

$w_{\text{max 或 min}}$——实测最大或最小宽度，单位为毫米（mm）；

w——公称宽度，单位为毫米（mm）。

6.5 每卷净质量偏差

用感量不低于 0.05 kg 的秤称量，按式（4）计算每卷净质量偏差。

$$\Delta m = m - m_0 \tag{4}$$

式中：

Δm ——每卷净质量偏差，单位为千克（kg）；

m ——实测每卷净质量，单位为千克（kg）；

m_0 ——每卷公称净质量，单位为千克（kg）。

6.6 外观

取 1 m² 试样在自然光下目测。

6.7 拉伸负荷和断裂标称应变

按 GB/T 1040.1 和 GB/T 1040.3 规定，采用 2 型样，试样宽度为 10 mm，夹具间初始距离 50 mm，试验速度（500±50）mm/min，直到试样断裂为止，测出最大拉伸负荷，精确到 0.01 N。

断裂标称应变（%），按式（5）计算：

$$\varepsilon = \frac{L - L_0}{L_0} \times 100 \tag{5}$$

ε ——断裂标称应变，%；

L ——断裂时夹具间距离，单位为毫米（mm）；

L_0 ——夹具间初始距离，单位为毫米（mm）。

6.8 直角撕裂负荷

按 QB/T 1130 规定，取单片试样测试，精确到 0.01 N。

6.9 水蒸气透过量

按 GB/T 1037 规定进行，试验条件为：温度 38℃ ±0.6℃，相对湿度 90%±2%。

6.10 重金属含量

重金属含量测试时，将样品经高压系统微波消解，然后用原子吸收分光光度计按 GB/T 15337 规定进行测试。

6.11 生物降解性能

有机物成分（挥发性固体含量）按 GB/T 9345.1 方法 A 进行测定，测定温度为650℃。

生物降解试验可按 GB/T 19277.1、GB/T 19277.2、GB/T 9276.1、GB/T 192762、GB/T 22047 中的任一种方法进行。在仲裁检验时，采用 GB/T 19277.1。

6.12 人工气候老化性能

试样制备和处理按 GB/T 16422.1 规定，每种试样老化 3 片，从老化后的大片样中裁取单个试样进行测试，取 3 个试样的平均值，试样初始断裂标称应变和暴露后断裂标称应变测定按 6.7 规定。

试验方法按 GB/T 16422.2—2014 规定，辐照方式采用方法 A，辐照度为窄带

附 录 A

（资料性）

信息采集和样品相关表格

烟地和地膜基本信息表见表 A.1，试验烟草生产基本信息表见表 A.2，地膜样品标签见表 A.3。

表 A.1　烟地和地膜基本信息表

基本信息	1.市（州）、县		2.详细地址	
	3.烟农姓名		4.联系方式	
	5.试验负责人		6.联系方式	
试验地信息	7.地理位置：	经度：　　　　纬度：　　　　　海拔（m）：		
	8.前茬作物		9.烟地类型	田烟（　） 土烟（　）
	10.土壤类型		11.肥力水平	
	12.降水量（烟季）		13.雨季时间	___月—___月
	14.光照（烟季）	强度_____ 平均日照___h	15.平均气温 （烟季）	
	16.极端温度（烟季）	最高_____℃；　　最低_____℃		
地膜信息	17.规格（mm）	宽度： 厚度：	18.颜色	
	19.生产者名称		20.生产者地址	

表 A.2　试验烟草生产基本信息表

基本信息	1.品种		2.播种时间（日/月）	
	3.移栽时间（日/月）		4.移栽方式	
地膜覆膜	5.覆膜时间（日/月）		6.覆膜方式	
	7.覆盖量（kg/hm²）		8.揭膜培土（日/月）	是（　）否（　）； 时间：_____
水肥管理	9.基肥（类型/N-P$_2$O$_5$-K$_2$O 配比/用量（kg/hm²）/施用方式/日期）		10.追肥（类型/N-P$_2$O$_5$-K$_2$O 配比/用量（kg/hm²）/施用方式/次数/日期）	
生育期	11.团棵期（日/月）		12.旺长期（日/月）	
	13.现蕾期（日/月）		14.打顶期（日/月）	
其他	15.病害		16.虫害	
	17.杂草	种类： 数量：	18.除草方式	

表 A.3　地膜样品标签

市（州）、县（区）	
试验点	
供试地膜企业	
样品名称	
样品规格	
其他	
采样时间：	采样人：

附 录 B

（资料性）

地膜降解分级划分

地膜降解分级划分见表 B.1。

表 B.1　地膜降解分级划分

分级	分级说明
0 级	未出现自然裂缝或孔洞
1 级	出现自然裂缝或孔洞（诱导期）
2 级	出现 20 mm 自然裂缝或孔洞（直径）
3 级	出现 200 mm 自然裂缝或孔洞（直径）
4 级	地膜柔韧性丢失，裂解为碎片
5 级	30% 地面无肉眼可见地膜
6 级	60% 地面无肉眼可见地膜
7 级	基本见不到地膜残片（无膜期）

附 录 C

（资料性）

测试用表格

烟地土壤理化性状表见表 C.1，试验烟株农艺性状表见表 C.2，试验烟叶产量产值表见表 C.3，地膜降解时间序列表见表 C.4，地膜降解情况观测与分级表见表 C.5。

表 C.1 烟地土壤理化性状

土层深度	有机质（g/kg）	全氮（g/kg）	全磷（g/kg）	全钾（g/kg）	速效氮（mg/kg）	速效磷（mg/kg）	速效钾（mg/kg）	pH值	容重（g/cm³）	孔隙度
0 ～ 200 mm										

表 C.2 试验烟株农艺性状

处理	株高（mm）	茎围（mm）	最大叶长（mm）	最大叶宽（mm）	有效叶片数（片）

表 C.3 试验烟叶产量产值

处理	产量（kg/667 m²）	产值（元 /667 m²）	均价（元 /kg）	上等烟率（%）	上中等烟率（%）

表 C.4 地膜降解时间序列

拍照日期	处理	图片	备注

表 C.5 地膜降解情况观测与分级

处理	观测时间	裂缝 / 孔洞（条 / 个）	裂缝长度 /孔洞直径（mm）	破碎块数（块）	破碎大小（mm）	分级

附录6

ICS 65.020
CCS B 01

DB52

贵　州　省　地　方　标　准

DB 52/T 1676—2022

全生物降解农用地面覆盖薄膜
烟草种植使用规程

Biodegradable mulching film for agricultural uses–Standard operating procedures in
tobacco cultivation

2022-06-23 发布　　　　　　　　　　　　　2022-10-01 实施

贵州省市场监督管理局　　　发 布

前 言

本文件按照 GB/T 1.1—2020《标准化工作导则 第 1 部分：标准化文件的结构和起草规则》的规定起草。

本文件由贵州省烟草专卖局提出并归口。

本文件起草单位：贵州省烟草科学研究院、贵州省产品质量检验检测院、中国烟草总公司贵州省公司、中国农业科学院农业环境与可持续发展研究所、贵州民族大学、贵州省农业生态与资源保护站、贵州烟草投资管理有限公司、中国科学院地球化学研究所、贵州科泰天兴农业科技有限公司。

本文件主要起草人：高维常、周万维、刘云虎、蔡凯、赵一君、刘勤、代良羽、刘涛泽、黄维、姜超英、杨静、袁有波、孙光军、赵远鹏、伍洲、程建中、张恒、马越、朱经伟、李寒、刘艳霞、高成涛、王浩、张淑怡、王行诗、向美、欧益霖。

全生物降解农用地面覆盖薄膜 烟草种植使用规程

1 范围

本文件规定了全生物降解农用地面覆盖薄膜烟草种植使用操作的术语和定义、地膜选择、关键农事要求、地膜使用后处理、保存。

本文件适用于全生物降解农用地面覆盖薄膜烟草种植使用操作。

2 规范性引用文件

下列文件中的内容通过文中的规范性引用而构成本文件必不可少的条款。其中，注日期的引用文件，仅该日期对应的版本适用于本文件；不注日期的引用文件，其最新版本（包括所有的修改单）适用于本文件。

GB/T 35795—2017　全生物降解农用地面覆盖薄膜

3 术语和定义

GB/T 35795—2017 界定的以及下列术语和定义适用于本文件。

3.1 生物降解材料 biodegradable materials

在自然界如土壤和 / 或沙土等条件下，和 / 或特定条件如堆肥化条件下或厌氧消化条件下或水性培养液中，由自然界存在的微生物作用引起降解，并最终完全降解变成二氧化碳（CO_2）和 / 或甲烷（CH_4）、水（H_2O）及其所含元素的矿化无机盐以及新的生物质的材料。

[来源：GB/T 35795—2017，3.1]

3.2 全生物降解农用地面覆盖薄膜 biodegradable mulching film for agricultural uses，生物降解农用地膜 biodegradable mulching film

以生物降解材料为主要原料制备的，用于农作物种植时土壤表面覆盖的、具有生物降解性能的薄膜。

注：生物降解农用地膜一般具有土壤增温；限制水分蒸发；维持土壤的湿度；抑制杂草的生长（特别是使用的覆盖薄膜产品为黑色膜或非透明膜时）；抑制矿物元素的淋湿；避免残余薄膜碎物对土壤毛细结构的破坏；抑制土壤板结；降解后对土壤与作物无毒、无害等作用。

[来源：GB/T 35795—2017，3.2，有修改]

3.3 井窖 well-cellar

在待栽的土壤垄体上部，制作一个上部为圆柱形、下部为圆锥形，外形类似微型水井和地窖的孔洞。

[来源：DB 52/T 891—2014，3.1]

4 地膜选择

4.1 地膜选择符合 GB/T 35795—2017 要求，并开展种植效果评价。

4.2 应进行小面积试用，试用符合要求的地膜可逐步开展规模应用。

5 关键农事要求

5.1 整地

覆膜前应对烟地中残留的废旧地膜进行清理，清除土壤中易导致地膜破损的作物残体、大土块和石头，做好杂草防控，保证土面平整，避免铺设过程中地膜破损。

5.2 施肥

有机（类）肥料应提前施入土壤，避免地膜与肥料直接接触，导致地膜提早降解。

5.3 覆膜

5.3.1 垄体要求

地膜覆盖要求行匀垄直沟平、垄体饱满、垄面平整细碎。

5.3.2 覆膜方式

5.3.2.1 起垄时，土壤含水量 < 土壤田间饱和持水量 60% 时，采用先栽烟后覆膜的方式。

5.3.2.2 起垄时，土壤含水量 > 土壤田间饱和持水量 60% 时，采用先覆膜后栽烟的方式。

5.3.3 覆膜要求

5.3.3.1 覆膜时，地膜适度紧贴垄面，避免铺设过松造成风吹摇摆或覆膜过紧导致厚度变薄。不应用力强行牵拉，避免纵向紧绷。

5.3.3.2 覆膜后，地膜两侧及烟苗破孔处及时用土封严，保证密封不漏气。

5.3.3.3 风力较强地区，每隔 2 ～ 3 m 在膜垄面压盖少量土壤。

5.4 开沟排水

大而平坦的烟地应在四周开设边沟和腰沟，深度超过垄沟，避免烟地积水导致地膜提早降解。

5.5 井窖制作

采用先覆膜后栽烟的方式时，推荐使用圆形打孔方式制作井窖，避免移栽器具缠绕，导致地膜膜口撕裂。

5.6 培土上厢

在团棵至旺长期（移栽后 30 ～ 60 d），采用农机具将地膜直接破坏埋入土壤，培土上高厢。

6 地膜使用后处理

在烤烟采收结束后，及时清理烟地卫生和翻地，确保地膜全部埋入土壤。

7 保存

7.1 使用原始包装保存未使用完的地膜，存放于避光、干燥的密闭空间内。

7.2 在有效期内使用。

参考文献

[1] DB 52/T 891—2014 烤烟井窖式移栽技术规程 .

附录 7

农田地膜残留监测技术规范
（草案）

1 范围

本文件规定了农田地膜残留监测的术语和定义、采样、样品处理、地膜残留量计算、监测报告等。

本文件适用于贵州省农田地膜残留监测。

2 规范性引用文件

本文件没有规范性引用文件。

3 术语和定义

下列术语和定义适用于本文件。

3.1 地膜

用于作物栽培覆盖地面的塑料薄膜。

3.2 地膜残留量

农田土壤中残留地膜的量。

4 采样

4.1 采样准备

4.1.1 资料收集

包括地膜投入量、覆膜作物、覆盖方式、覆盖时间、回收方式等。

4.1.2 工具与器材

4.1.2.1 工具

宜采用铁或不锈钢锹、铲、锤，以及铁签、筛子、样品袋和帆布等。

4.1.2.2 器材

照相机、定位仪、卷尺、电子天平（精确度 0.0001 g）、超声波清洗器等。

4.1.3 采样点选择

4.1.3.1 综合考虑覆膜作物种类、种植面积、覆膜方式、覆盖年限等确定采样点。

4.1.3.2 应选择平坦，种植模式相对稳定的地块，以便长期监测。

4.1.3.3 应避开池塘、沟渠、地块周边等地膜残留异常点，离铁路和公路 300 m以上。

4.2 样方布设

4.2.1 布设要求

每个采样点在同一地块布设 5 个样方，样方应离田埂 2 m 以上，间距 10～15 m。

4.2.2 布设方法

根据地块面积大小和形状，可选用"对角线"、"梅花点"和"蛇形线"进行样方布设，如图 1 所示。

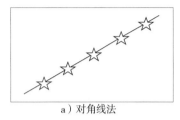 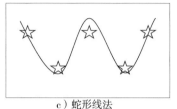

a）对角线法   b）梅花点法   c）蛇形线法

图 1　样方布设示意图

4.3 采样时间

在作物收获后，翻地之前，宜选择晴天或阴天。

4.4 采样步骤

4.4.1 采样点定位

确定采样点后，在地块中心用定位仪定位，并作记录。

4.4.2 样方挖取

4.4.2.1　在选定的采样点用铁签将四角固定，形成一个 100cm×100 cm 的正方形样方。

4.4.2.2　向外扩展约 10 cm，沿着四边挖深度 40 cm 的沟，然后削去样方外多余的土壤，形成 100 cm×100 cm 的采样样方。

4.4.3 残留地膜筛选

4.4.3.1　取样方 30 cm 深土壤，捡拾土壤中肉眼可见的残留地膜，直至样方土壤中残留地膜全部捡出。

4.4.3.2　将捡拾的残留地膜放入样品袋，贴上内外标签。

4.4.4 土壤回填

采样结束后，将土壤回填，恢复农田原貌。

4.4.5 采样记录

4.4.5.1 对采样点景观、样方、样品、定位结果、土壤回填等进行拍照记录。

4.4.5.2 填写农田地膜残留监测点现场记录表，见附录 A。

5 样品处理

5.1 清洗

5.1.1 摊开采集的残留地膜，去除附着在地膜样品上的土壤和其他杂质。

5.1.2 将地膜样品放入清洗容器中进行清水浸泡 60~120 min，轻微揉搓，反复进行此操作，直至清洗容器中水清晰且地膜样品无附着土壤。

5.1.3 用超声波清洗器超声 30 ～ 60 min，确保地膜样品不再附着土渍。

5.2 晾干

用滤纸吸干地膜样品上的水分，放入纸袋，在阴凉干燥处自然晾干，直至恒重。

5.3 称重

用电子天平称量每个样方地膜样品重量，并记录。

6 地膜残留量计算

采样点农田地膜残留量按下列公式计算：

$$M = 10 \times \frac{\sum X_i}{n}$$

式中：

M——采样点农田地膜残留量，单位为千克每公顷（kg/hm²）；

X_i——第 i 个采样点地膜残留量，单位为克每平方米（g/m²）；

n——采样点数量。

7 监测报告

监测报告应包括以下内容：

——目的意义

——编制依据

——监测对象

——技术规范

——结果分析（包括监测区域、作物类型、覆膜年限、覆膜方式、地膜种类等因素对地膜残留量的影响）

——结论与建议

附 录 A

（资料性）

地膜残留量数据记录表

农田地膜残留监测点现场记录表见表 A.1。

表 A.1 农田地膜残留监测点现场记录表

基本信息			
采样点地址	_____ 省 市（州） 县（市、区） 乡（镇、街道） 村		
地理位置	经度：_____； 纬度：_____； 海拔高度 _____m		
农户信息	农户姓名：_____；联系电话：_____；种植户类型：_____		
地膜使用情况			
覆膜作物		覆膜年限（年）	
覆膜方式	人工（ ）机械（ ）	使用量（kg/hm²）	
使用周期（月）		规格（mm）	宽度： 厚度：
回收方式	人工（ ） 机械（ ） 人工＋机械（ ） 不回收（ ）	回收（离田）量（kg/hm²）	
现场照片			
采样点景观		地块中心经纬度	
样方一		样方二	
样方三		样方四	
样方五		样品（含样品编号）	
土壤回填		——	

填表人姓名：_____ 联系电话：_____ 采样时间：_____年___月___日

附录8

废旧地膜回收技术规范和质量要求
（草案）

1 范围

本文件规定了废旧地膜回收的术语和定义、地膜回收体系、回收网点建设、回收要求和质量标准、检验及处理规则的技术要求。

本文件适用于废旧地膜的回收和回收质量的评价。

2 规范性引用文件

下列文件对于本文件的应用是必不可少的。凡是注日期的引用文件，仅注日期的版本适用于本文件。凡是不注日期的引用文件，其最新版本（包括所有的修改单）适用于本文件。

GB 2894 安全标志及其使用导则

GB 13735 聚乙烯吹塑农用地面覆盖薄膜

GB 18599 一般工业固体废物贮存、处置场污染控制标准

GB 50016 建筑设计防火规范

3 术语和定义

下列术语和定义适用于本文件。

3.1 地膜

用于作物栽培覆盖地面的塑料薄膜。

3.2 废旧地膜

农业生产完成后废弃在农田中的地膜。

3.3 适时揭膜

该作物收获后揭膜为收获前揭膜，筛选作物的最佳揭膜时期。

3.4 地膜残留量

单位面积农田土壤中残留的地膜质量，一般表示为 kg/hm^2。

3.5 地膜回收率

监测区内实际使用地膜质量与地膜残留量之差，与监测区内实际使用地膜质量之比的百分数。

3.6 废旧地膜回收网点

为方便废旧地膜集中回收上交而专门设立的进行地膜回收、存储、中转的场所，

包括固定收购站（点）和流动收购点。

3.7 废旧地膜回收加工企业

依法成立，从事废旧地膜回收、加工处理和再利用的法人团体或其他社会经济组织。

4 地膜回收体系

4.1 地膜回收主体

4.1.1 各级人民政府和村民委员会、农业农村主管部门、农用地膜生产者、销售者、使用者，废旧地膜回收再利用企业或其他组织从业者为废旧地膜回收的主体。

4.1.2 各级人民政府和村民委员会应对废旧农膜回收进行监督管理。

4.1.3 农业农村主管部门要引导农民使用质量符合 GB 13735 规定的标准地膜。

4.1.4 地膜生产企业应当生产质量符合 GB 13735 规定的标准地膜。

4.1.5 地膜销售者不得采购和销售未达到 GB 13735 标准的农用地膜，不得将非农用地膜销售给农用地膜使用者。

4.1.6 地膜使用者应当及时捡拾清理农田中的废旧地膜，交至回收网点或回收工作者，不得随意弃置、掩埋或者焚烧。

4.1.7 地膜回收企业及个体从业者应当及时回收、储存、上交废旧地膜。

4.2 回收网点建设要求

4.2.1 建设原则

固定回收站（点）的选址、布局、规模和建设应与辖区农业生产特点、地膜覆盖技术普及、乡村建设、环境保护协调发展，以"交收方便、运输便利、高效环保"为原则，科学布建固定回收站（点）。

4.2.2 建设要求

4.2.2.1 固定回收站（点）和中转站的建设应执行国家土地、建筑、环境保护、劳动保障等有关方面的政策和规定，统一规划、统一标识、统一规范。

4.2.2.2 使用地膜的乡（镇）至少应设置 1 个回收站（点），营业面积一般应不少于 100 m²；有条件的乡（镇）可建立中转站，营业面积应不少于 200 m²；站点建筑设计、外部装修应符合 GB 2894、GB 50016 要求。

4.2.2.3 回收站（点）和中转站的建设应远离居民区、水源和自然保护区。

4.2.2.4 回收站（点）废旧地膜存放场地（库、棚）建筑设计应符合防雨、防晒、防渗透、防风、防火等要求。

4.2.3 站（点）内部要求

4.2.3.1 回收站（点）内部应悬挂服务公约、回收标准及收购价目表。

4.2.3.2 回收的废旧地膜应分类堆放整齐。

4.2.3.3 站内场地应符合 GB 18599 的相关要求。

4.2.3.4 应配备统一合格的衡器及打包、起重、运输等设备，并按相关规定定期检验。

4.2.3.5 应按照消防安全管理要求配置消防设施、器材，设置消防安全标志，并定期组织检验、维修。

5 地膜回收要求

5.1 适时揭膜

5.1.1 鼓励采用适时揭膜技术，宜在土壤湿润时进行揭膜。

5.1.2 揭膜前应对地膜覆膜面植物秸秆、残茬进行适当清除，确保捡拾时地膜顺利揭起、回收。

5.2 回收要求

5.2.1 地膜使用者应在使用期限到期前回收田间废旧地膜。

5.2.2 回收一般选择在农作物耕种周期完成后（季末）及时进行，具体应根据农作物品种生长期的需要确定。

5.2.3 应根据作物类型、区域特点、种植方式和生产规模等选择机械回收、人工回收以及机械与人工混合回收等方式。

5.2.4 在坡耕地、地块分散、地膜覆盖面积较少的区域，宜采用人工捡拾的回收方式。

5.2.5 在土地平整、覆膜面积相对集中的区域，宜采用机械回收方式。

5.2.6 在机械回收后应由人工对农田中遗留的地膜和田边地头进行补充捡拾。

5.2.7 宜使用秸秆还田及残膜回收联合作业机完成秸秆粉碎还田及地表残膜回收作业。

5.2.8 对于耕层内的残碎膜，可使用搂膜机、配置有搂膜齿的犁或整地机等机械结合秋翻、春耕犁地作业进行残膜回收作业。

5.2.9 田间暂存时应采取防吹散措施。

5.2.10 回收后装车运输过程中应避免收集的残碎膜遗撒。

5.2.11 当季地膜回收率应达 80 % 以上。

6 回收质量标准

6.1 含杂质要求

回收的废旧地膜含杂物指标应符合表 1 的规定。

表 1 含杂物指标

杂质类型	指标
秸秆 /（g/kg）	≤ 150
泥土及其他杂质 /（g/kg）	≤ 150
秸秆＋泥土 /（g/kg）	≤ 250

6.2 检验规则

6.2.1 样品抽样

在同一批次的废旧地膜中，分别在 3 处不同位置各随机抽取 1000 g 的废旧地膜样品，对样品中的秸秆、泥土含量分别进行含量检验。

6.2.2 样品中杂质含量检验

6.2.2.1 秸秆含量检验

样品的含秸秆率 X 见公式（1）。取 3 个含秸秆率的平均值即为该批次残膜含秸秆率的实有值。

$$X = \frac{A}{1000} \times 100 \tag{1}$$

式中：

X——样品的含秸秆率，%；

A——废旧地膜中捡拾出来的秸秆重量，g。

6.2.2.2 泥土含量检验

将样品洗净晾干，直到称干净的残膜样品重为恒重 B。选用差量法得出样品中含泥土含量 C，见公式（2）：

$$C = 1000 - A - B \tag{2}$$

式中：

A——废旧地膜中捡拾出来的秸秆重量，g；

B——干净的残膜样品重量，g；

C——样品中含泥土重量 g。

样品的含泥土率为 Y，计算方法见公式（3），取 3 个含泥土率的平均值即为该批次残膜含泥土率的实有值。

$$Y = \frac{C}{1000} \times 100 \tag{3}$$

式中：

Y——样品的含泥土率，%；

C——样品中含泥土重量，单位为克，g。

6.3 处理规则

检验结果中，秸秆、泥土及其他杂质含量如有不符合本标准时，采取以下方法予以处理。

6.3.1 秸秆含量超标处理规则

6.3.1.1 秸秆含量超过标准值的 5%～10% 时，扣除该批次废旧地膜总质量的 20%。

6.3.1.2 秸秆含量超过标准值 10%（不含 10%）时，该批次的废旧地膜不予回收。

6.3.2 泥土及其他杂质含量超标处理规则

6.3.2.1 泥土及其他杂质含量超过标准值的 5%～15% 时，扣除该批次废旧地膜总质量的 20%。

6.3.2.2　泥土及其他杂质含量超过标准值 15%（不含 15%）时，该批次的废旧地膜不予回收。

6.3.3　秸秆 + 泥土及其他杂质含量超标处理规则

6.3.3.1　秸秆 + 泥土及其他杂质含量超过标准值的 5% ～ 25% 时，扣除该批次废旧地膜总质量的 30%。

6.3.3.2　秸秆 + 泥土及其他杂质含量超过标准值 25%（不含 25%）时，该批次的废旧地膜不予回收。

附录 9

贵州代表性作物地膜预期生存信息

序号	作物	耕作体系			地膜类型	覆膜时段（旬/月）
1	烤烟	大田	垄作	移栽	透明色为主，黑色为辅	3月下旬—5月下旬（半生育期覆膜） 3月下旬—8月下旬（全生育期覆膜）
2	辣椒	大田/大棚	垄作	移栽	透明色为主，黑色为辅	2月下旬—9月下旬
3	蔬菜	大田/大棚	垄作	移栽/直播	黑色或正面银灰色、反面黑色为主	全年可用，3月下旬—8月下旬为主
4	玉米	大田	垄作为主，平作为辅	直播为主，移栽为辅	透明色为主，黑色为辅	2月下旬—10月下旬（低热河谷区两季为主） 3月下旬—9月下旬
5	马铃薯	大田	垄作	直播	透明色为主，黑色为辅	12月下旬—翌年3月中旬
6	糯小米	大田	垄作	移栽	黑色为主，透明色为辅	3月上旬—5月上旬
7	草莓	大棚	垄作	移栽	黑色或正面银灰色、反面黑色	10月下旬—翌年5月下旬
8	百合	大田	垄作	移栽	黑色为主	2月上旬—3月下旬
9	白及	大田	垄作	移栽	黑色为主	9月下旬—11月上旬

注：以上为贵州部分作物地膜相关信息，仅供参考，不作为地膜使用依据。

谢丽供图

谢丽供图

谢丽供图

烤烟地膜覆盖栽培
李光雷供图

烤烟地膜覆盖栽培
李彩斌供图

烤烟生物降解地膜覆盖栽培
高维常供图

辣椒地膜覆盖栽培 任朝辉供图

辣椒地膜覆盖栽培 任朝辉供图

红油菜苔地膜覆盖栽培
黄伟供图

红油菜苔地膜覆盖栽培
黄伟供图

芥蓝地膜覆盖栽培
黄伟供图

玉米套大豆地膜覆盖栽培
杨锦越供图

玉米地膜覆盖栽培
赵德超供图

玉米套马铃薯地膜覆盖栽培
赵德超供图

马铃薯地膜覆盖栽培　卢扬供图

马铃薯地膜覆盖栽培　卢扬供图

糯小米地膜覆盖栽培 马天进供图

糯小米地膜覆盖栽培 马天进供图

大棚草莓地膜覆盖栽培 杨仕品供图

露地草莓地膜覆盖栽培 杨仕品供图

大棚草莓高架地膜覆盖栽培 杨仕品供图

丹参覆膜育苗　唐庆兰供图

吴茱萸覆膜育苗　杨秀全供图

天麻地膜覆盖栽培 雷荣供图

山银花覆膜扦插育苗 但成丽供图

水黄连地膜覆盖栽培　王海供图

淫羊藿地膜覆盖栽培　王海供图

白及地膜覆盖栽培 杨秀全供图

金丝黄菊地膜覆盖栽培 吴道明供图

金银花套黄精地膜覆盖栽培 王海供图

黄精套玉米地膜覆盖栽培 王海供图

果树地膜覆盖　高维常供图

果树地膜覆盖　高维常供图